铁电电畴调控及传感机理

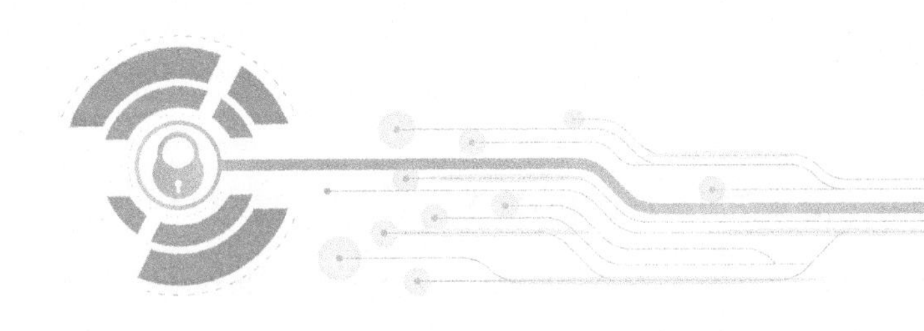

乔骁骏　耿文平　丑修建　著

化学工业出版社
·北京·

内容简介

本书聚焦于铁电材料纳米尺度电畴调控及其温度敏感机理分析，将铁电薄膜生长优化与压电力显微镜纳米探针极化调控技术相结合，详细探讨了铁酸铋薄膜与铌酸锂单晶薄膜百纳米量级电畴反转调控规律，揭示了不同极化调控作用下铁电电畴动态机制，研究了不同极化取向之间的畴壁导电效应及温度敏感机理。

本书可以作为从事电子信息功能材料及器件研究，尤其是从事铁电材料研究人员的参考书，也可以作为高等学校、科研院所高年级本科生和研究生的教学、科研用书。

图书在版编目（CIP）数据

铁电电畴调控及传感机理/乔骁骏，耿文平，丑修建著．—北京：化学工业出版社，2024.6

ISBN 978-7-122-45367-9

Ⅰ.①铁… Ⅱ.①乔…②耿…③丑… Ⅲ.①铁电畴-研究 Ⅳ.①O482.52

中国国家版本馆CIP数据核字（2024）第071942号

责任编辑：严春晖　金林茹
责任校对：边　涛　　　　装帧设计：王晓宇

出版发行：化学工业出版社
（北京市东城区青年湖南街13号　邮政编码100011）
印　　装：北京天宇星印刷厂
710mm×1000mm　1/16　印张9¾　字数155千字
2024年7月北京第1版第1次印刷

购书咨询：010-64518888　　售后服务：010-64518899
网　　址：http://www.cip.com.cn
凡购买本书，如有缺损质量问题，本社销售中心负责调换。

定　　价：98.00元

前言 Preface

空间技术和航空航天的飞速发展，对空间测试传感系统提出了更高的要求，太空辐照环境下高精度传感检测核心技术面临巨大的挑战。铁电薄膜具有稳定的自发极化状态，同时在辐照环境中表现出稳定的抗辐照特性。近年来，以压电力显微镜作为核心手段实现铁电薄膜纳米尺度调控，在半导体技术与集成电路、航空与航天探测等多学科交叉领域获得了多国科研工作者的密切关注。利用压电力显微镜研究铁电薄膜主要包括电畴及畴壁导电性调控，然而，环境温度影响电畴的疲劳稳定性，限制了器件化应用的进一步发展，电畴结构精准调控是首要问题，探索稳定的电畴调控方式迫在眉睫。电畴结构的稳定性及电畴动力学过程尚且模糊，且铁电薄膜内部存在退极化电场，与极化电荷及外部激励共同作用的屏蔽机制复杂，影响电畴的稳定性。因此探索电畴调控手段和畴壁稳定性是促进铁电薄膜走向器件应用的必要条件。本书围绕抗辐照铁电畴壁温度传感设计展开研究，构建电畴极化翻转理论模型，结合朗道自由能理论阐释电畴翻转过程中的能量势垒，探索电畴结构演化规律，阐明退极化场与环境温度共同作用下电畴调控机制；基于针尖极化电场实现铌酸锂和铁酸铋铁电薄膜电畴精准调控，进而分析畴壁附近电荷分布和畴壁电流的温度敏感特性，验证畴壁导电作为温度传感器件核心单元的可行性，奠定了铁电薄膜在辐照环境下高精度传感的应用前景。全书具体内容如下：

① 优化薄膜生长方式，获得抗辐照铁酸铋薄膜和铌酸锂单晶薄膜，通过压电力显微镜成像与晶相结构分析，可以看到铁酸铋与铌酸锂薄膜具有纳米量级表面粗糙度以及良好的结晶取向，制备三明治结构的铁酸铋电容元件，为后续电流传感功能验证奠定基础。

② 利用压电力显微镜调控外延铁酸铋薄膜实现电畴可控翻转，通过样品旋转表征面内外电畴极化结构，定性分析内部电畴分布规律。利用导电探针施加极化电场实现电畴动力学调控，翻转电畴的稳定性满足吉布斯自由能理论，探针极化引起面内电场分量促进了面内电畴翻转，且能够在高温和长时间作用下保持稳定。对导电基底上的铁酸铋薄膜进行针尖电场极化，研究表明当外加激励超过矫顽电场时，能够实现面内和面外电畴同时翻转，即铁酸铋电畴发生 180° 翻转，且翻转电畴在高温下保持稳定。在此基础上利用压电力显微镜调控铌酸锂单晶薄膜的电畴动力学过程，通过针尖脉冲极化方式在 700nm 的铌酸锂薄膜上实现贯穿式点阵列电畴，系统分析电场幅值和极化时间对电畴动力学的影响机制，探索稳定可靠的电畴极化参数，形成的稳态电畴能稳定保持 30 天以上且无明显的退极化，而施加反向电场则能够轻松将翻转电畴初始化为原生状态，同时翻转电畴具有良好的抗辐照特性，验证了电畴翻转作为抗辐照功能单元的可靠性与稳定性。

③ 利用导电力显微镜实现了纳米尺度下畴壁附近导电载流子表征与调控，探究电场影响下单点的畴壁导电特性。基于铁酸铋薄膜 180° 电畴稳定翻转，实现畴壁良好的导电特性（pA ~ nA 量级），该导电特性明显高于电畴内部区域；利用针尖电场对铌酸锂薄膜进行密集点阵列极化，形成的畴壁处也表现出明显提升的导电性。通过分析电场加载下畴壁导电性变化可知，畴壁导电具有明显的电压调制及整流特性，结合温度作用下畴壁电流规律可知，在特定温度区间内具有高精度传感优势。

本书由乔骁骏、耿文平、丑修建编写，第 1、3 ~ 5 章由乔骁骏编写，第 2 章由耿文平和丑修建编写，乔骁骏负责全书的统稿工作。本书在编写过程中参考了大量文献，在此谨向相关作者表示感谢！

因笔者水平所限，书中不足之处，敬请读者批评指正。

著　者

目录 Contents

第3章 抗辐照铁电薄膜制备与表征 051

第4章 基于针尖极化的铁电电畴调控 067

第5章

基于导电畴壁的温度传感器件

119

第1章 绪论

1.1
铁电电畴调控及传感的发展现状

航空航天技术和深空探测技术的兴起，对于提升我国综合国力以及世界范围的综合竞争力，具有重要的战略意义。空间辐照环境对空间站、飞行器在轨运行以及太空武器精准打击的传感测试系统提出了更为苛刻的要求，空间辐照环境的高精准测试需求与目前传感技术之间的矛盾日益凸显，这无疑影响着空间探测和航空航天技术的更迭[1-4]。以半导体技术为核心的传统电子设备由于受到辐照和各种高能射线粒子影响，通常会导致系统误报甚至失效。传统手段通过加固封装的形式来实现太空器件应用，然而这将会导致质量和设计成本大幅增加。随着空间科学和低温超导技术的飞速发展，传统的半导体、光纤等温度传感器难以满足辐照环境下对宽温区（140～500K）精确测量的需求，特别是深空探测和航天国防等高科技领域需要更精确的温度测量，亟需开发新型高灵敏度、强稳定性低温传感技术。目前应用的传感器件中：一类是基于电信号调制的传统温度测量技术，如热电偶、热敏电阻、光学高温计、半导体光纤温度传感器等；另一类是基于光信号调制的光纤温度传感器。而对于应用于空间温度测量的探空温度传感器，在测量温度时容易受到外太空辐照的影响而产生误差，同时在太空强辐照环境下温度传感器的误差将进一步扩大。国内光纤低温传感器已有近三十年的研究基础，中国科学院、北京理工大学等国内研究机构与高校在77～298K温度范围内进行了低温传感应用研究[5,6]。而在太空测温应用上，光纤温度传感器不仅需要拓展温度应用范围，还需要克服高能带电粒子辐照给光纤带来的损耗，这使得光纤低温传感器难以实现在太空稳定长时精确工作[1]。

铁电薄膜由于自身稳定的可调控极化状态受到广泛关注[7,8]，且自发极化响应特性能够免疫于空间总剂量辐照环境，人们开始尝试将电畴作为基本功能单元并与电子测试系统相结合以满足当前高精度传感检测的需求[9-15]，开发基于铁电体电畴精准调控和畴壁导电技术，突破现有传感技术在空间辐照环境中的使用局限性及高精度传感测试瓶颈，为基于铁电体在传感领域的应用奠定研究基础，更好地服务于未来航空探测和空间技术的传感检测系统[16]。压电力显微镜技术的发展，为铁电薄膜纳米尺度研究注入了新的活力，铁电薄膜内部纳米级电畴灵活可调控特性为纳米尺度电子器件的发展提供新思路[17]。铁电纳米器件具有响应速度快、功耗低且易于集成、稳定性高的优点[18-22]。通过研究发现微观尺度下电畴和畴壁调控的稳定保持特性可作为传感核心单元，电畴的翻转动力学过程和稳定性探究是铁电器件研究中最关键的问题之一。近年来，如何实现电畴形态有效调控以及畴壁导电态调控已经成为各国研究人员的热点议题，同时基于多场耦合调控亚稳态电畴实现稳态电畴结构也被广泛关注，通过探究复杂环境下的电畴稳态特性，将大幅提升器件宽温区应用的可能性[23-26]。此外，畴壁处的导电特性通常受到温度环境的影响，也就是说，铁电内部的导电载流子运动规律能够被温度调制，进而实现高精度温度传感，为负热敏电阻器件的研发提供前期的研究基础。

针对针尖电场调控铁电电畴的研究已被大量报道，大多基于锆钛酸铅、铁酸铋、氧化铪以及二维层状铁电薄膜等[13,27-33]。然而铁电薄膜调控过程常伴随着疲劳、压印、退极化等现象，无法实现稳定的电畴调控，且畴壁附近电荷聚集响应无法持续稳定存在。研究发现，铁电薄膜的电畴稳定性可能随着屏蔽特性的改变而发生变化，自由载流子补偿屏蔽极化电荷效应能够显著改善电畴的稳定状态[34-37]。退极化场及屏蔽极化电荷的动态扰动引起电畴稳定性下降，此外，环境温度对电畴稳定性及导电畴壁形成具有不可忽视的作用。通过探索铁电薄膜电畴精准调控手段，系统研究畴壁附近载流子聚集特性，有望解决现有铁电体系中铁电畴的稳定性及畴壁导电可持续性难题。研究表明电畴调控及畴壁导电改变特性能够免疫于辐照环境，进而作为传感器件工作在辐照环境中，因此针对电畴调控手段并提升电畴结构稳定性，拓展辐照环境中的传感器应用场景，本书重点开展以下关键问题研究。

① 针对铁酸铋电畴稳定性问题，开展基于压电力显微镜调控实现纳米量级电畴精准调控及温度稳定特性研究。

② 针对铌酸锂单晶电畴稳定性问题，开展针尖点阵列极化诱导电畴翻转调控研究，阐明单晶薄膜铌酸锂的电畴成核及生长规律。

③ 针对铁电薄膜畴壁附近载流子聚集的稳定性问题，开展电场调制铁酸铋与铌酸锂单晶薄膜畴壁导电性研究，探索畴壁电流的保持特性并将畴壁电流作为敏感核心单元，验证导电畴壁作为高精度传感技术的可行性。

综上所述，本书利用针尖电场调控实现铁电畴纳米尺度精准调控，重点探究抗辐照铁电薄膜的电畴纳米量级调控和畴壁导电响应特性，阐明电场作用下铁电畴动力学机制，分析电场和温度作用下电畴的动力学过程，探索电畴长时稳定存在的完全屏蔽条件，为电畴稳定调控奠定基础，同时探究畴壁附近载流子聚集规律，探索温度扰动作用下的畴壁载流子动态规律，为铁电体迈向实用化传感器件方向提供理论指导和实验支撑。

1.2 空间辐照及传感

1.2.1 空间辐照环境

空间辐照环境通常包括由高能射线与高能粒子组成的环境，一般情况下我们所说的辐射环境包括太空辐射带电粒子（质子和电子）、太阳耀斑（质子和粒子）以及宇宙射线等。复杂的辐照环境对太空环境中运行的电子设备系统产生不良影响，粒子等辐照环境效应容易引起航天器结构和电子器件的不可逆损伤、性能退化甚至失效，如图 1-1 所示。

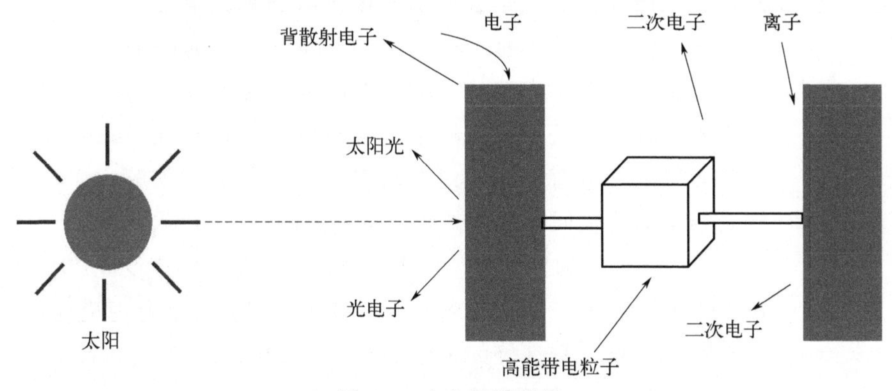

图 1-1　太空辐照环境

空间宇宙射线中包括超过半数的质子和少量的带电粒子，宇宙射线能量极大。通常银河宇宙射线能量在 $10^2 \sim 10^{12}$ MeV（1eV=1.6×10^{-19}J）之间，大部分能量聚焦于 3×10^2MeV 左右，且该射线拥有强大的穿透能力。此外，空间辐照环境中还存在大量的太阳宇宙射线，其能量主要来自太阳本体内部产生的核聚变反应，核聚变过程中产生的高能粒子通常来讲并不能脱离太阳区域。但是，当发生特大的太阳耀斑时，聚变产生的辐射粒子就可能发散到太阳系，从而干扰到航天设备甚至远程的测试系统。同时在范艾伦辐射带（Van Allen radiation belts）中，质子和电子是其主要组成部分。现实场景中，人类发射的空间探测器和航天载人飞船等一般都会避开范艾伦辐射带，避免受到范艾伦辐射带干扰而导致系统失效[4,38]。

空间辐射环境粒子错综复杂，电子器件及测试系统在辐照环境下的失效影响随着高能射线或高能粒子类型不同以及辐射方式不同表现为不同的失效状态。当半导体器件被高能粒子或射线辐照后，根据电离形式和影响范围，通常将辐射效应可分为总剂量效应、单粒子效应以及位移损伤效应[39]。

1.2.2　铁电薄膜抗辐照

随着空间探测和航空航天技术的更迭，对辐照环境中的电子系统提出了高精度、高可靠性的要求。铁电薄膜具有本征抗总剂量辐照特性，且丰富的自发极化状态在光电器件、储能元件以及存储等领域具有广阔的应用前景，铁电薄膜的微观电畴特性对宏观响应有直接的影响。因此有必要对铁电薄膜微观结构与宏观性能的关系、电畴结构可控调控及稳定性、畴壁稳定性及畴壁附近电荷分布规律等诸多方面进行深入了解，为基于电畴结构的抗辐照电子器件研究奠定基础。

自铁电薄膜问世以来，其独特的自发极化特性就受到广大科研工作者的青睐。20 世纪末研究人员通过实验，结合理论计算，发现铁电薄膜具有良好的抗辐照特性，J. F. Scott 等对 KNO_3 和 PZT 薄膜进行了不同剂量的 γ 射线辐照对比实验，结果表明，KNO_3 在经过 5×10^3Gy 剂量辐照后，自发极化强度衰减了 14.7%，但 PZT 在经过总剂量为 5×10^4Gy 的辐照后，极化强度几乎没有发生衰减。而在相同条件下，传统硅基和二氧化硅等材料都呈现了严重的损伤效应。Y. C. Zhou 等人利用溶胶凝胶法制备获得了 BNT 薄膜，并对制备的电容器进行 10^5Gy 电子辐射。在辐射后观察到剩余极化和漏电流减少，并详细分析了辐照对铁电薄膜的漏电影响因素。S. C. Lee 等人基于典型铁电薄膜 PZT 系统研究了辐照环境中的铁电保持性能变化，研究表明除了少量的极化衰减，并未观察到明显的电畴疲劳特性[4,40,41]。

总体来说，铁电薄膜具有优异的抗总剂量辐照能力，该性能远远超过同等条件下的其他材料体系，通过理论计算表明铁电体的抗总剂量辐照区间高达 10^6Gy(Si)，有望应用于抗辐照器件领域[4]。

1.3
电畴工程在铁电器件中的应用

铁电薄膜是一类由于晶格扭曲产生极化电偶极矩，且随着电场加载方向发生偏转的特殊材料。在铁电晶体上施加超过矫顽电场的电压时，晶格内部原子在电场作用下运动，并达到另一个平衡状态，当撤去外加激励时，由于材料内部能量处于高能阶状态，在外部加载没有超过翻转壁垒的能量时，无法越过高能阶状态到达另一稳定平衡状态，因此晶格内部的原子会保持在电场加载的位置，进而形成一定规则排列的电偶极矩。绝大多数的铁电薄膜都具有非中心对称的钙钛矿结构，化学通式是 ABO_3[42,43]。

随着压电力显微镜表征技术的发展，针对铁电薄膜微观电畴结构和宏观物理性能之间的关联研究引起了人们极大的兴趣。经过铁电热力学理论和软模理论的不断发展和完善，相继在钙钛矿 $BaTiO_3$ 和 $PbTiO_3$ 中发现了铁电性，并在准同型相界纳米极性微区共存中发现了较高的力电耦合响应。目前铁电薄膜研究主要包括钛酸钡，锆钛酸铅，铁酸铋以及铌酸锂（$LiNbO_3$）薄膜等（表 1-1），丰富的铁电特性为器件研发奠定了基础[44,45]。

表 1-1 常见铁电薄膜汇总

类别	典型材料	参考文献
传统铁电体	PZT PMN-PT PTO	[46,47]
分子铁电体	$ErMnO_3$,$CsBiNb_2O_7$,In_2Se_3, $YMnO_3$	[29,48-51]
新型铁电体	$LiNbO_3$,$BiFeO_3$,$Hf_{0.5}Zr_{0.5}O_2$	[52-55]

铁电薄膜电畴调控及畴壁导电特性在电子器件与传感测试领域具有广阔的应用前景，材料内部电畴随着外加电场或者环境温度改变，进而实现电偶极子的重新排布。由材料内部电畴变化引起的宏观响应特性在光伏和机电耦合响应方面具有出色的性能[56-59]，下面重点介绍铁电薄膜在光电器件、阻变调控以及静电储能等方面的典型应用。

铁酸铋（BFO）薄膜电畴调控在光电传感领域具有广阔的应用前景。薄膜中异常的光电效应导致器件开路电压（V_{oc}）远大于半导体材料的带隙，为提升器件光电响应奠定了研究基础。沃里克大学研究人员通过对温度影响下的光电响应进行研究，证明了非中心对称晶格结构的体光伏效应是铁酸铋薄膜中异常光伏效应的起源[60]。此外，通过控制畴壁的电导率可以实现高达 50V 的电压输出，如图 1-2 所示，进一步探究畴壁导电性对铁酸铋薄膜异常光伏响应的影响，分析畴壁处固有电导率导致的非平衡载流子的聚集规律，为基于铁酸铋的光电器件研究提供了新思路。

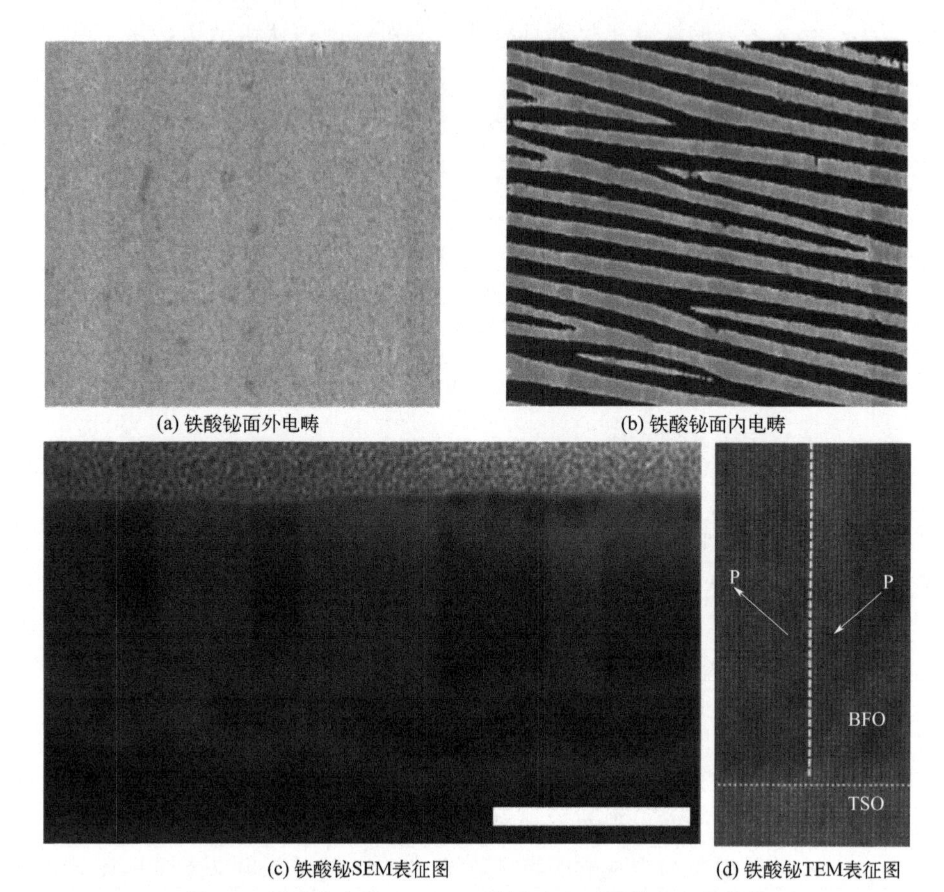

(a) 铁酸铋面外电畴　(b) 铁酸铋面内电畴

(c) 铁酸铋SEM表征图　(d) 铁酸铋TEM表征图

图 1-2　沃里克大学 M. Alexe 设计畴壁可调谐光电子器件

铁电薄膜同时拥有稳定的极化状态以及良好的半导体特性，基于铁电性质的阻变器件已被大量报道[61-63]。电极与铁电薄膜接触界面的能带弯曲以及内建电场、势垒高度和耗尽层宽度等因素均对铁电异质结构的电流传输特性产生影响[64,65]。Y. A. Park 等认为铁电异质结构的电荷传输行为的物理机制应包括载流子在异质结构界面处的积累或耗尽，基于载流子屏蔽效应，自由电子将被正极化方向所吸引。当铁电极化指向界面时，会产生电荷，导致耗尽层宽度减小，在这种情况下，由于界面电阻降低，器件的总电阻降低，对应于低阻状态；相反，当铁电极化指向远离界面时，空穴将被负极化电荷耗尽，导致耗尽层宽度增加，这种情况对应于高阻状态，如图 1-3 所示。也就是说，界面耗尽层宽度随铁电极化翻转的变化在铁电异质结构中产生两种电阻状态，证明铁电薄膜中的电学传导行为是由极化主导的[66]。

铁电薄膜具有超强的脉冲储能潜力，然而由于较小的滞后极化响应，最大极化值（P_{max}）较低，不利于储能特性的进一

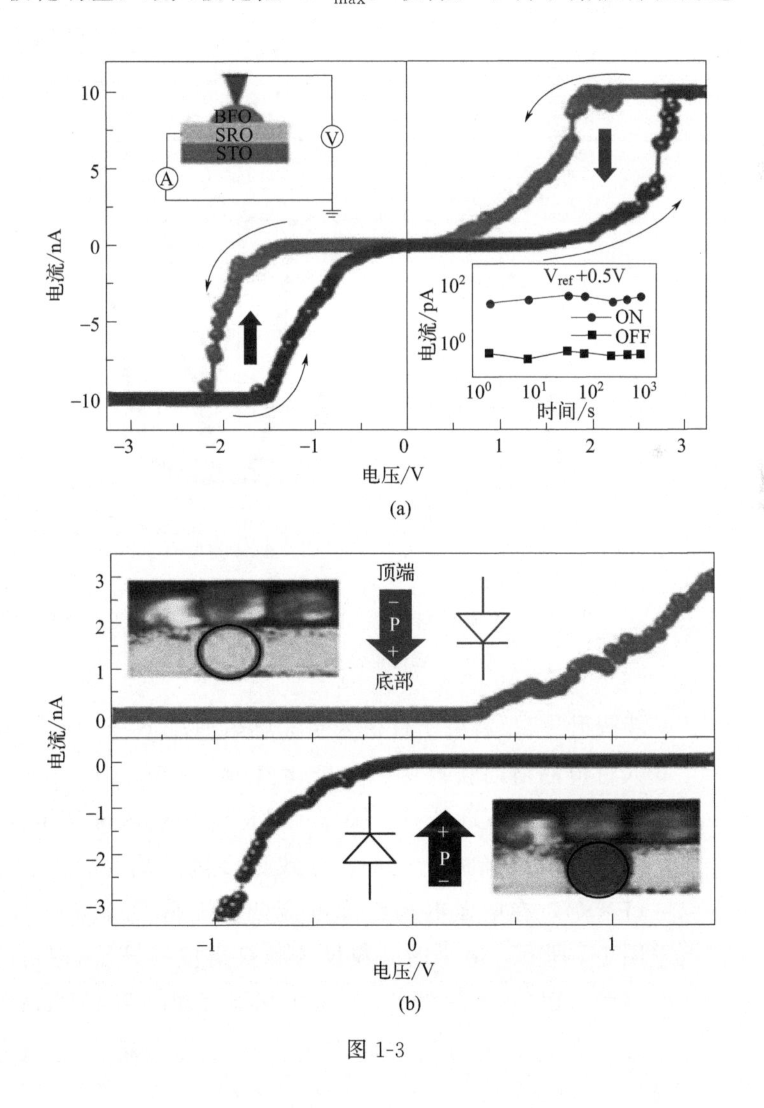

图 1-3

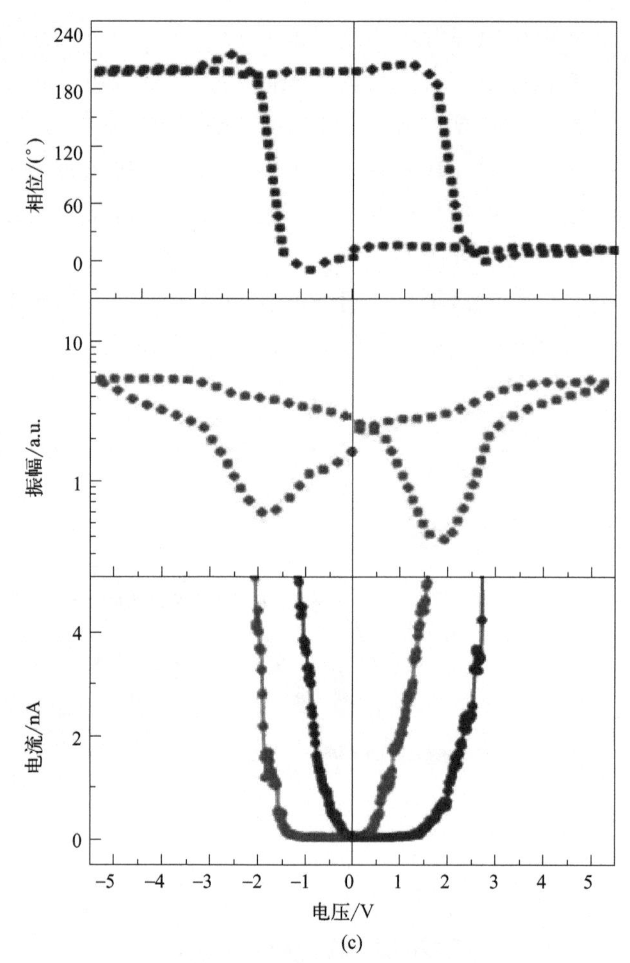

图 1-3　沈阳材料科学国家实验室金属铁电阻变存储技术综述

a. u. 为任意单位 arbitrary unit 的缩写

步提升[67,68]。电子科技大学课题组通过 K^{+}—Bi^{3+} 离子缺陷引入材料晶格以获得更大的极化值 P_{max}（$Sr_{0.35}Bi_{0.35}K_{0.25}TiO_3$）。通过第一性原理计算，确定了缺陷对的引入破坏了铁电有序相并增加了局部极化比例，导致更多区域内形成极性纳米微区(PNR)，在增强电场弛豫响应的同时降低了剩余极化值。如图 1-4 所示，减小的晶粒尺寸和氧空位提升了材料抗介电击穿强度（BDS）。在 220kV/cm 电场下表现出 2.45J/cm^3 的高能量存储密度、93.1% 的高效率，且储能性能具有优异的温度

（−55～150℃）、频率（10～500Hz）和循环稳定性（10^5 次），在脉冲储能应用方面显示出巨大的应用潜力[69]。通过离子掺杂影响材料晶格的对称性以及电畴取向分布，在铁电体内部形成大量的纳米极化微区，该微区电畴的可控翻转与循环稳定特性为脉冲功率储能器件的长时间运行提供了研究基础。

当温度低于铁电薄膜的居里温度时，铁电体内部自发极化状态能够稳定保持。铁电晶体的铁电性通常由相同极化方向的微区呈现，每一块极化方向相同的微区构成电畴，不同极化取向之间的界限称为畴壁，通常只有几纳米到几十纳米。影响电畴结构的因素除了晶格状态（失配应变）外，还包括薄膜所处电学边界条件，由于稳定的自发极化状态存在，在晶体表面感应一定数量的极化电荷并且聚集，感应电荷的累积产生了与极化相反的退极化电场。铁电薄膜的微观电畴特性对薄膜的宏观性能有重要影响。研究表明，调控电畴结构能够直接获得压电

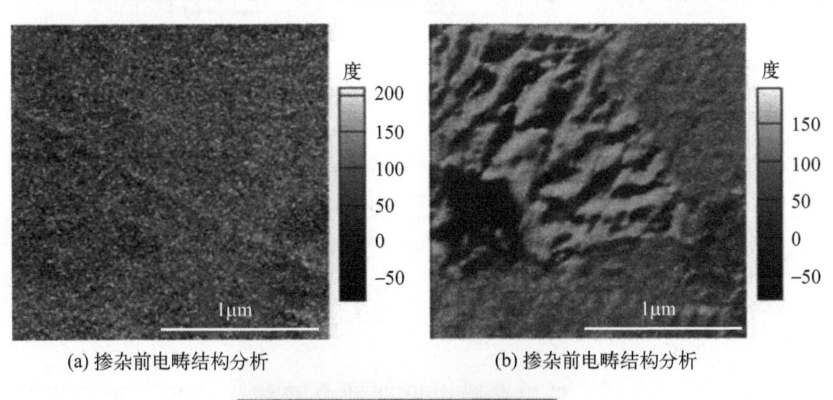

(a) 掺杂前电畴结构分析　(b) 掺杂前电畴结构分析

(c) 掺杂前电畴结构分析

图 1-4

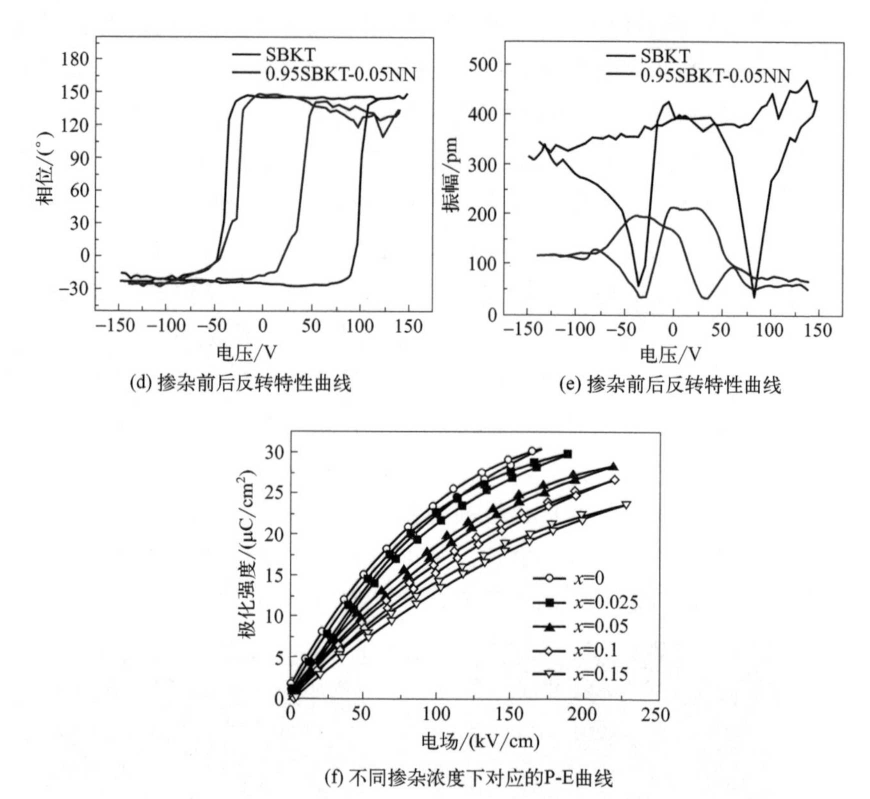

(d) 掺杂前后反转特性曲线

(e) 掺杂前后反转特性曲线

(f) 不同掺杂浓度下对应的P-E曲线

图 1-4 电子科技大学 Tang Bin 通过 AB 位掺杂调控铁电极化实现高效稳定储能器件

响应的调制效果，同时也可以提高宽带隙半导体的光电耦合响应[70]。

此外，铁电薄膜中周期性电畴结构调控可用于光学和非线性光学等领域，系统探究铁电薄膜电畴翻转机制及动态过程，有利于扩展铁电器件的应用场景。电畴稳态是多种因素共同作用的平衡稳定结果，电畴可控翻转与铁电薄膜的宏观响应息息相关，下面介绍电畴调控铁电薄膜性能的相关研究进展。

兼具高透光性与压电性的铁电薄膜是常规铁电体面临的重要挑战，准同型相界组分处的铁电薄膜具有超高的压电性能。普遍认为，准同型相界处电畴翻转通过电场调控极化转向来实现。西安交通大学李飞教授课题组通过极化调控优化 PMN-PT

单晶，实现了超高的透光射性与机电耦合特性。利用相场模拟和实验相结合，展示了交流极化方式调控菱方相 PMN-PT 晶体的电畴结构，实现了近乎完美的透明度以及超高压电系数 d_{33}（2100pC/N），如图 1-5 所示，这一结果远远超出了常见的铌酸锂晶体。同时发现随着电畴的尺寸增加，在［001］择优取向的菱方晶体中实现较高的压电系数 d_{33}，该结果与传统理论认为的减少畴壁尺寸导致更高的压电响应结果相反[47]。

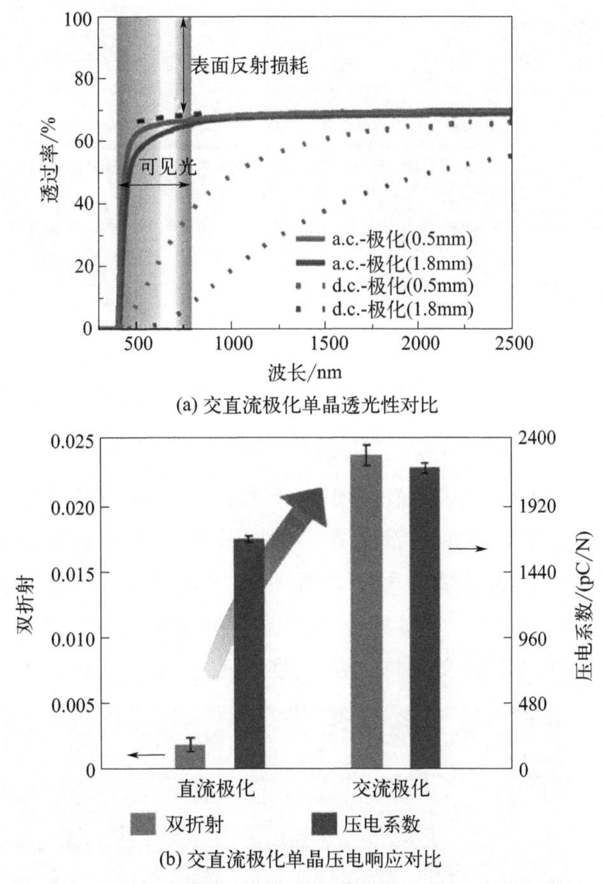

(a) 交直流极化单晶透光性对比

(b) 交直流极化单晶压电响应对比

图 1-5 李飞教授课题组通过电畴调控实现透明压电单晶

缺陷对于铁电薄膜的电畴动态影响是至关重要的，尽管点缺陷已被广泛研究，但针对位错调控电畴的研究仍然较少。德国达姆施塔特工业大学的研究人员及合作者将位错作为微观调控工具，开发了基于机械压印位错调控电畴的新方法，实现电畴翻转，如图 1-6 所示，由此得到的微区结构在宏观上产生了很强的机械回复力，在局部产生了很高的钉扎力，导致钛酸钡的介电和压电响应大幅增加，相关介电常数 $\varepsilon_{33} \approx 5800$，压电系数 $d_{33}^{*} \approx 1890\text{pm/V}$[71]。

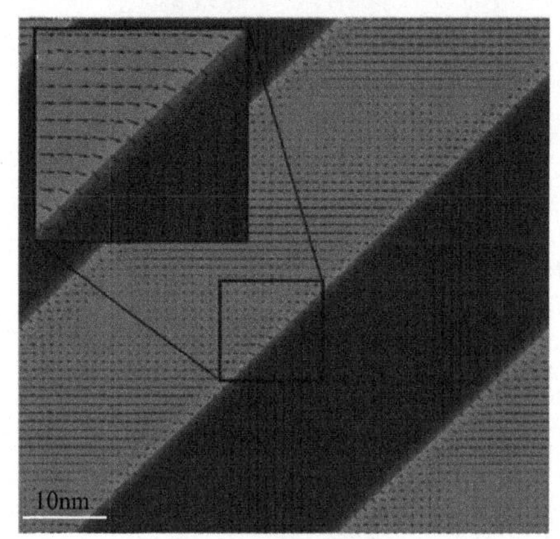

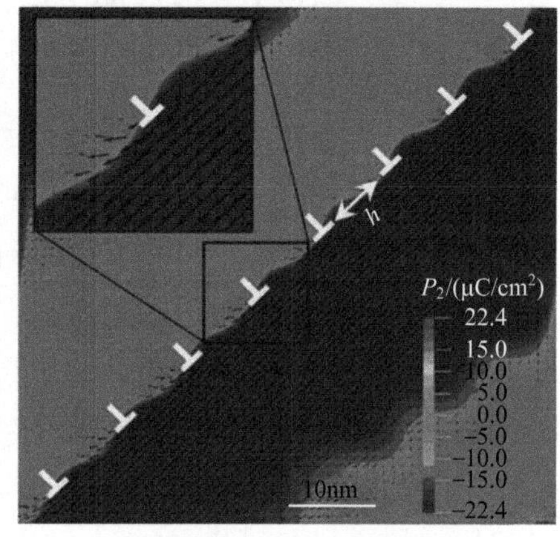

(a) 电畴反转仿真分析　　(b) 局部位错作用下铁电畴壁动态

图 1-6　Jürgen Rödel 课题组通过机械位错实现铁电体电畴翻转

Nina Balke 课题组在经典铁电薄膜钛酸铅（$PbTiO_3$）内部发现了稳定存在的压电增强区域。通过搭建自动畴壁监测系统和反馈控制系统，在经过畴壁位置时，由探针自动给样品施加一定的激励信号，从而获得了相对稳定的电畴状态，如图 1-7 所示[72]，在畴壁处施加偏置脉冲不会导致宏观畴壁运动，而是在与电畴交互排列的尺度上改变畴壁几何形状，重复该过程将

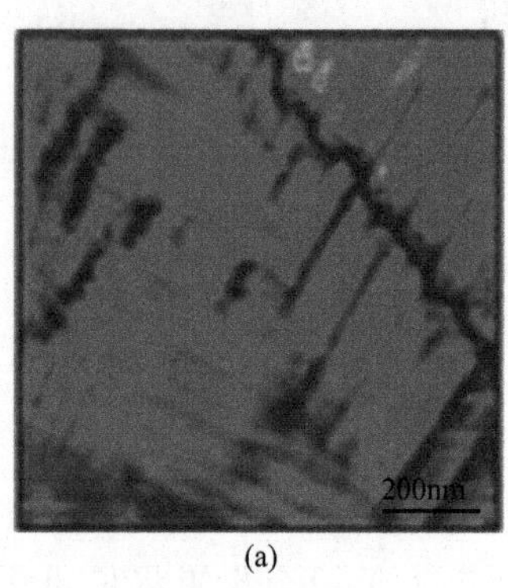

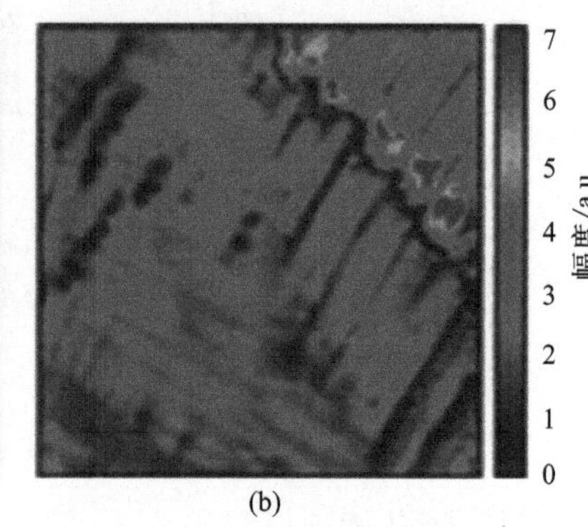

(a)　　(b)

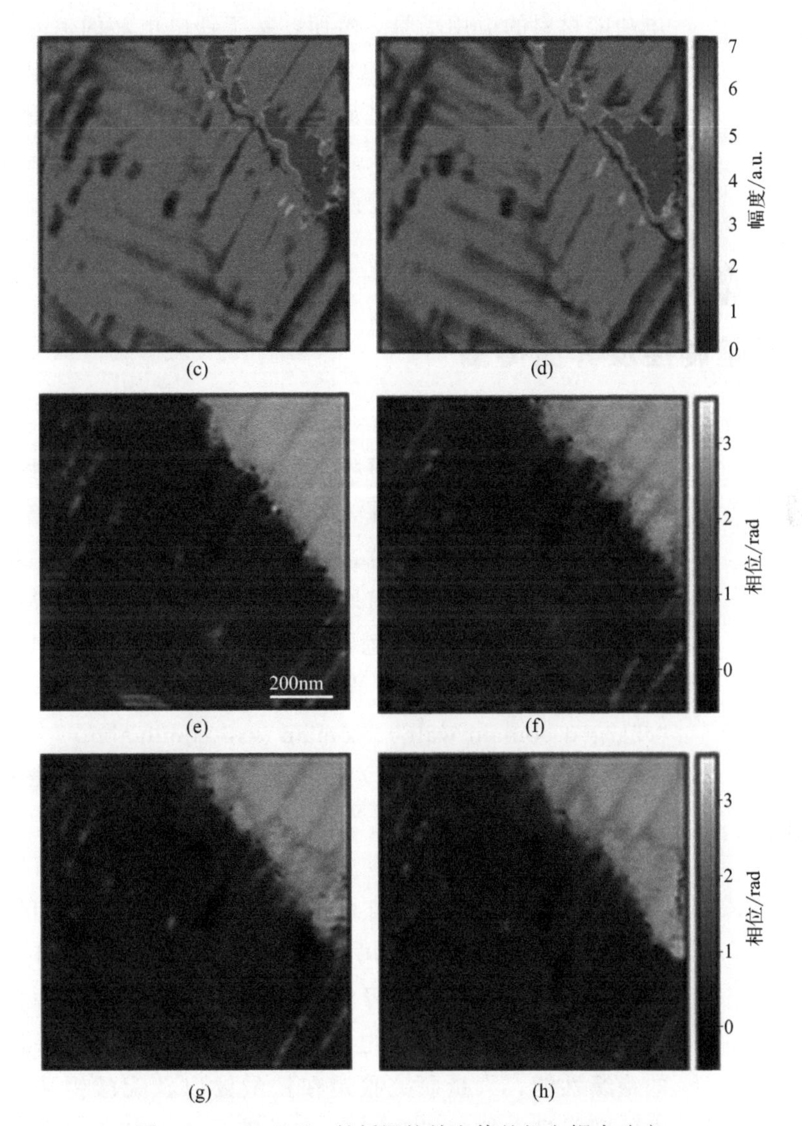

图 1-7 Nina Balke 教授调控铁电体的机电耦合响应

(a)～(d) 为逐次电压激励下的电畴动态反转幅值图

(e)～(h) 为逐次电压激励作用下的电畴动态反转相位图

出现压电响应增强局部微区，该方法适用于其他铁电薄膜的局部电畴定义以及拓扑缺陷调控。

目前，通过材料优化和电畴调控研究，可进一步拓展了铁电功能材料的应用场景。然而，基于铁电电畴的信号传感与测试，本质上都依赖于电畴结构稳态调控，电畴的稳定调控为器件性能提供关键的研究基础。当前已有多种方法可用来调控铁电薄膜电畴结构，进而实现材料性能优化，主要包括掺杂缺陷改性、空位浓度调控、应力应变及挠曲电场加载等[73-75]。

1.4 畴壁调控及界面传输

之前研究表明铁电薄膜电畴调控对薄膜的宏观性能有重要的影响。随着研究不断深入，铁电畴壁这一拓扑缺陷结构也引起了研究人员的广泛注意。自 2009 年 Nature Materials 杂志报道畴壁导电特性以来，国外诸多国家针对导电畴壁展开了重点研究[76-79]。近年来，我国针对电畴调控及畴壁导电特性也开展多项科学研究。同时，在 2011 年至 2021 年十年间，仅以“charged domain wall”“domain wall conductivity”“ferroelectric”为主题的 SCI 收录文章数量逐年增长，可见畴壁导电已成为各国企业和科学家高度关注的前沿科技领域。

畴壁存在于不同取向的极化微区界面处，界面处畴壁的存在是为了减小体系内部的静电能进而保持系统能量最小化。铁电畴壁与电畴区别不局限于尺寸方面，近年来研究者们陆续在铁电畴壁处发现了异常光电响应[80]，同时畴壁也表现出具有类二维电子气的导电特性，而铁电畴内部则保持着良好的绝缘性能，大量研究报道在铁酸铋以及铌酸锂薄膜等材料中发现了导电性的提升[54,81-83]。随着半导体集成工艺的飞速发展，铁电薄膜中畴壁导电性研究对电学性能影响也更加显著，使得铁电薄膜畴壁导电在纳米电子器件研究中处于热点议题[84]。

近些年来随着薄膜沉积技术的进步和原子尺度的像差校正透射电子显微镜的商业化发展与完善，针对畴壁的功能特性研究拓展成为可能。得益于微观尺度下扫描技术的不断发展和扫描探针显微技术的发明，世界各国科研工作人员都先后开展基于不同调控手段的电畴结构和畴壁导电性研究，加州大学伯克利分校 R. Ramesh 教授、贝尔法斯特女王大学 J. Marty Gregg、澳大利亚新南威尔士大学 J. Seidel 教授、南方科技大学李江宇教授、劳伦斯伯克利国家实验室 L. W. Martin 等课题组对不同材料电畴开展探索研究[18,34,85-90]，研究内容涉及基础机理、新型铁电薄膜探索和畴壁导电设计与调控等诸多方面。

然而，畴壁电流过小以及较快的衰减速度，降低了其应用于半导体电子器件的可靠性及稳定性，影响电子器件的使用寿命。此外，基于屏蔽电荷与载流子补偿型的电畴稳定性与畴壁附近载流子分布规律尚未明确，多数研究仅从理论与仿真层面给出了相关解释，上述问题严重影响了铁电薄膜的应用前景。同时，基于扫描探针技术实现的铁电薄膜电学调控经过多年发展优化性能得到明显提升。通过优化电场极化调控手段，能够有效地解决铁电薄膜中电畴稳定性问题及畴壁的导电性调控。同时为了将导电畴壁应用于温度传感领域，在提高灵敏度的前提下如何实现器件的长时高效稳定运行是必须要考虑的问题。目前，已有许多工作通过新材料探索、极化优化等手段提高电畴翻转的稳定性和畴壁导电的可靠性。

铁电畴壁位于极化取向不同的电畴之间，畴壁两侧分布的极化分量一般有两种情况：垂直畴壁和倾斜畴壁。其中，倾斜畴壁按极化方向又可分成头对尾型、头对头型和尾对尾型，如图 1-8 所示。前一种形成的畴壁电荷无法累积，导电性无明显提升，后两种畴壁处导电性明显提升。电荷无法聚集的畴壁处通常静电势小，该结构通常能够稳定存在；与之相反，带电畴壁由于极化分量不连续性导致畴壁处电子或空穴的聚集，静电势明显高于不带电畴壁，因而带电畴壁在理论上处于亚稳态[91]，当撤去激励电场时，将弛豫到能量最小化的不带电状态。而通过微纳电极结构调控形成的头对头畴壁，通常具有良好的导电性且该导电特性能够被外加电场调制。

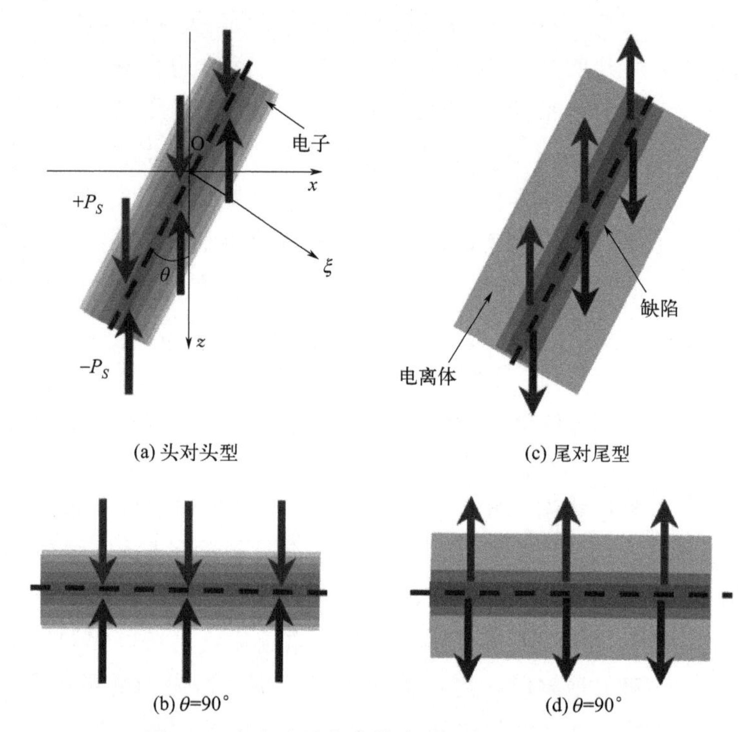

图 1-8　乌克兰国家科学院 A. N. Morozovska 通过理论计算研究畴壁导电特性

针对铁电畴调控和畴壁导电性的研究引起了广泛关注，铁电畴壁最显著的特征之一就是较高的电导率[92,93]。通常铁电薄膜属于宽禁带半导体材料，在电畴内部表现出较差的电导率，相反，在极化方向相反的电畴边界附近产生载流子聚集的导电路径[94-96]。铁电畴壁是原子尺度上的特殊缺陷，畴壁存在将不同极化方向的电畴分开，降低了整个体系的能量使晶格结构处于更稳定的状态[53,97,98]。铁电畴壁被认为是二维（2D）结构缺陷，已有研究表明畴壁可能具有金属甚至超导特性，这一新兴特征促使人们认识到畴壁可以在新型纳电子器件中用作功能元件。通过调控铁电畴壁相对于极轴的倾斜角对畴壁的导电性会产生影响已被证实[93]。J. Seidel 和 J. Marty Gregg 等人分别在铁酸铋薄膜和铌酸锂单晶薄膜中发现了畴壁导电性提升并解释产生机理，为基于畴壁调制的纳电子器件提供了技术途径[78,99]。利用电子束光刻加工的纳米电极和极化调控实现信息快速读取和非易失性存储器件[53,83,100,101]，提高畴壁的导电性及稳定性，仍然是畴壁研究中的热点问题[83]。研究表明，改变薄膜生长条件和极化偏置条件是调控导电畴壁的有效方法。尽管如此，关于导电畴壁的可控形成及稳定性探究仍是亟需解决的重大问题[42,102,103]。铁酸铋薄膜作为无铅铁电薄膜的代表，在铁电 MEMS 器件领域具有广阔的应用前景，电畴调控特性已经被大量研究证实[101,104-106]。

目前，基于畴壁处导电载流子非挥发性的电子器件具有良好的稳定性，成为铁电器件应用的研究热点。通过计算发现铁酸铋不同角度畴壁的能隙不同，71°的能隙减少明显少于 109°和 180°，因而相比于其他类型导电畴壁，71°畴壁导电性更差。当前畴壁导电的电子器件大多基于微纳电极结构实现电场作用下电畴翻转，并在此基础上探索器件的响应特性，器件的长时稳定可循环特性面临极大挑战[107]。此外，A. Gruverman 等人提出了畴壁电导率可调性并完成了实验验证。M. Lukas 发现畴壁电流只能在超能隙照明下存在，而在黑暗情况下则不存在[93]。复旦大学江安全课题组通过调控铌酸锂单晶薄膜的畴壁导电性以及界面死层，制备了基于铌酸锂单晶的单向选择器，如图 1-9 所示。通过水平电极极化引起铌酸锂薄膜电畴非易失性翻转，进而产生导电畴壁，为高密度的信息存储单元设计提供了基础[53,108]。

除了实验上直接观测畴壁导电现象，大量研究人员通过理论计算对畴壁导电性进行工作补充。已有研究认为导电行为源自畴壁附近的极化电荷不连续性，会引起电荷积累和畴壁电导率的急剧增加[86,109,110]。A. N. Morozovska 等人通过数值计算发现在 n 型铁电半导体中不同倾角带电畴壁对应自发极化矢量的静态电导率不同，由于电荷累积效应，头对头畴壁处的静态电导率相比于其他类型畴壁急剧增加了 1～3 个数量级，该结果与近期报道的氧化镁掺杂铌酸锂实验数据高度吻合[109]。

绝大多数研究表明铁电体中纳米级导电畴壁是由外部电场

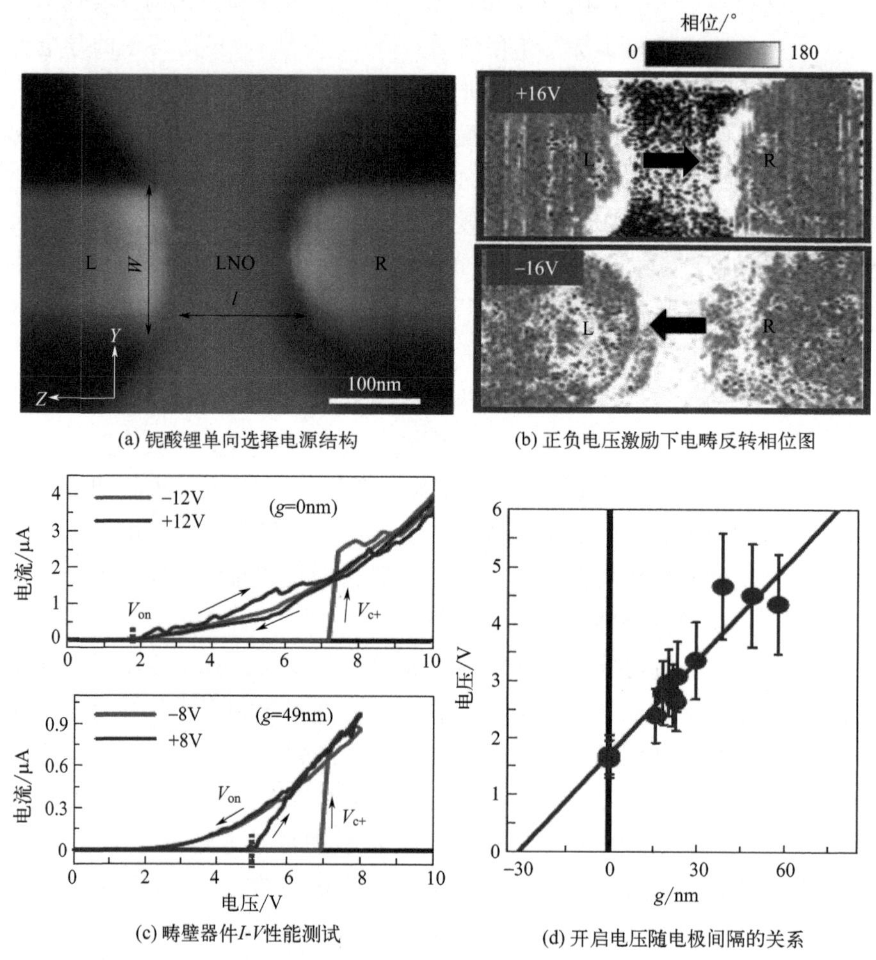

(a) 铌酸锂单向选择电源结构

(b) 正负电压激励下电畴反转相位图

(c) 畴壁器件I-V性能测试

(d) 开启电压随电极间隔的关系

图 1-9 复旦大学江安全课题组通过实验加工基于畴壁导电的二极管选择器件

操控下极化状态不连续导致的氧空位和缺陷累积形成，畴壁迁移率和电导率在很大程度上受化学计量和缺陷的影响[34,99,111]。然而，奥格斯堡大学 I. Kézsmárki 等人在非氧化物铁电 GaV_4S_8 中发现了大电导率的导电畴壁，如图 1-10 所示。通过压电力显微镜和导电力显微测试表征发现在纳米尺度上呈现头对头和尾对尾畴壁交替趋势，与常规氧化物铁电体导电特性不同的是，头对头与尾对尾畴壁处都具有较高的导电性，且能够通过外场调制实现高达 8 个数量级的电导变化[112]。这一独特的导电特性表明，非氧化物铁电体中存在能够被电场调控的高低阻态，可以将该导电畴壁调控作为新型半导体器件的导电通道实现电场可控的电学元器件。

压电力显微镜是一种基于悬臂梁反射实现微弱信号实时探测的新技术，自发明起被研究人员广泛用于微观和介观尺度下材料特性的精确表征，在化学反应、相变过程以及形貌表征方面发挥重要作用，本质是通过探针与样品表面相互作用改变悬臂梁反射的光路信号，并反馈到光电探测器，进而获取信号响应和成像，对应不同工作模态，硬件设置与软件配置略有不同，基本工作原理如图 1-11 所示。

压电力显微镜技术能够实时俘获材料表面信息并将其转换为电学信号，已成为微观尺度下材料本征特性分析的有效手段，为基础科学研究和器件应用性验证提供了关键技术。目前，该技术已经成为铁电薄膜电畴表征与调控、畴壁导电以及调控的重要技术手段之一，通过压电力显微镜施加电学控制条件，在抵消退极化场的同时降低铁电体系静电能，通过外加电场调控载流子移动方向以屏蔽退极化场。N. Setter 等人通过电子注入在铁电薄膜中实现稳态电畴调控并进行畴壁导电性探测，针尖注入电子增强屏蔽效应以稳定电畴边界。通过畴壁写入、擦除和重新创建实现稳定的头对头畴壁，从而产生非均匀平面电场，为电畴调控与畴壁电子器件研究提供新思路[34]。基于挠曲电效应的力学调控电畴手段为低功耗的薄膜电子器件研发拓宽了新的技术途径[73,113,114]。宾夕法尼亚大学陈龙庆课题组通过理论仿真和实验测试，在钛酸钡薄膜中实现了电畴稳态翻转并系统研究针尖半径、失配应变对翻转阈值的影响以及挠曲电效应和压电效应之间的相互耦合作用，通过压电力显微镜针尖施加机械力实现铁电薄膜极化翻转，为低功耗铁电器件研发奠定研究基础[115]。

综上所述，若要获得稳定电畴调控状态，并将其应用于抗辐照电子器件，就需要从优化材料性能与改进电畴调控方式两方面入手，以实现畴壁导电可调，进而为电子元件的加工制造奠定基础。目前在这些研究领域，压电力显微镜以非破坏性读

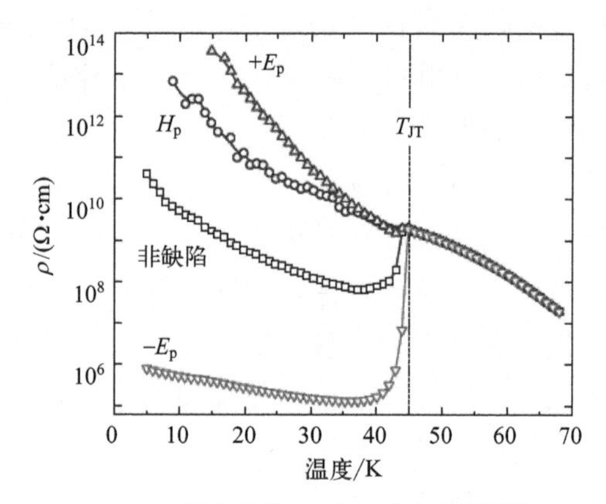

(a) 不同极化作用下GaV_4S_8方块电阻变化

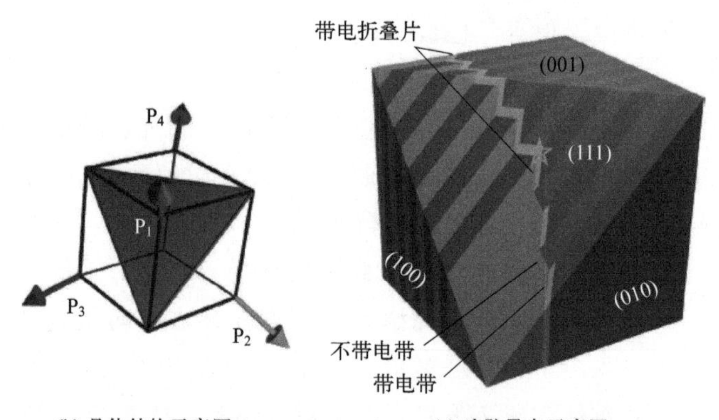

(b) 晶体结构示意图

(c) 畴壁导电示意图

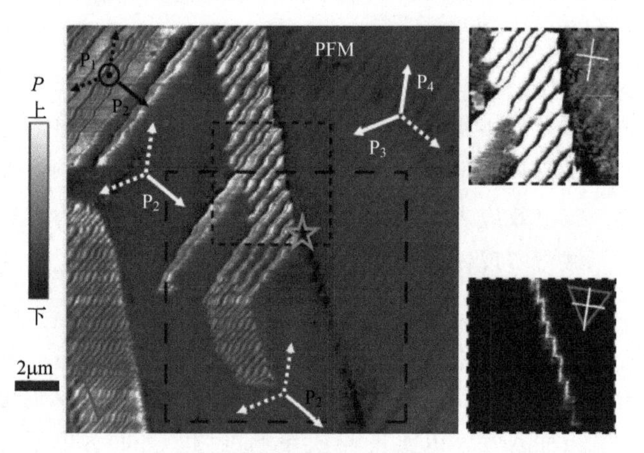

(d) GaV_4S_8晶体畴壁导电性表征

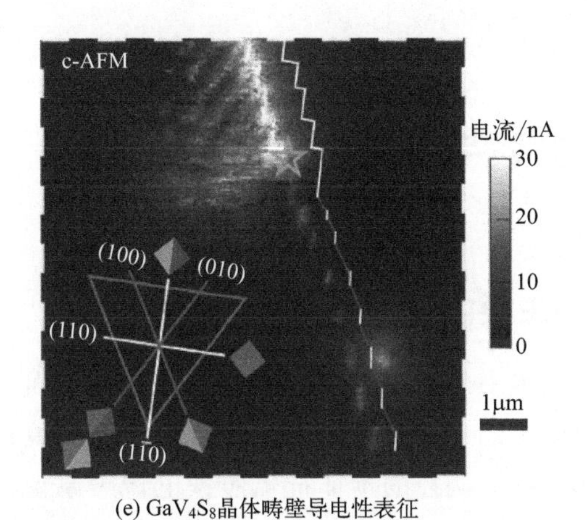

(e) GaV_4S_8晶体畴壁导电性表征

图 1-10 奥格斯堡大学在非氧化铁电 GaV_4S_8 发现畴壁导电性

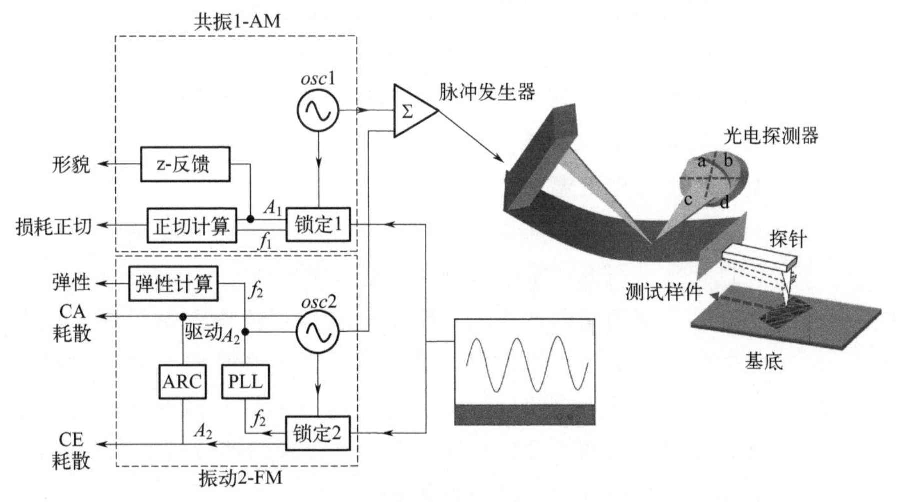

图 1-11 扫描探针显微镜工作示意图

取方式对铁电薄膜局部机电耦合性能及电畴特性进行系统分析，从而为高灵敏度参量传感技术奠定基础。电畴稳态调控与极化工艺密切相关，通常稳定的电畴结构能够保持能量平衡。同时，电畴保持特性及温度稳定性也是器件长久工作所要考核的重要因素。通过不断优化材料调控手段提升纳米电畴精准调控及高温环境下的稳定性，能够有效服务于传感应用场景并拓展器件应用的关键领域。

1.5
本书主要内容与意义

1.5.1 本书主要内容

本书研究内容受国家自然科学基金面上项目资助，针对空间系统的射线及带电粒子等复杂辐照环境传感测试需求，提出基于针尖调控的本征抗辐照铁电传感原型器件设计。利用压电力显微镜调控铁电电畴，实现纳米量级电畴周期性稳定调控翻转，优化电畴生长调控工艺，实现高温环境下电畴稳定调控。同时针对畴壁温度敏感特性展开研究，在调控翻转区域重点研究电畴翻转形成的畴壁导电特性，以铁酸铋和铌酸锂单晶为典型的研究对象，重点开展电场调控电畴温度翻转保持，进而促进导电畴壁形成，结合微加工技术与原子力显微镜调控，实现基于畴壁导电的温度传感器件研究。

针对铁电体电畴调控关键技术——压电力显微镜调控铁电体进行重点研究，本书共分为五章，主要研究内容及安排如下：

第 1 章为绪论。首先介绍空间辐照环境中测试传感系统单元的热点与应用需求，并阐述铁电薄膜本征抗总剂量辐照响应特性，同时重点介绍铁电薄膜电畴精准调控及畴壁导电的重要性，突出电畴调控及畴壁导电在传感等领域的应用潜力。最后，介绍本书的研究内容及研究意义。

第 2 章为铁电抗辐照传感理论介绍。详细阐述了铁电薄膜自发极化动态及辐照环境中的稳定性探究，探究电畴调控动态过程以及带电畴壁的形成机理，并介绍电畴翻转稳定性提升策略，同时设计基于导电畴壁的温度敏感单元，为后续抗辐照畴壁导电器件研究提供理论指导。

第 3 章为抗辐照铁电薄膜制备与表征。为了满足辐照环境中传感测试需求，本书制备了以钛酸锶为基底的外延铁酸铋薄膜和基于下电极衬底的铁酸铋薄膜，探索制备工艺并优化生长条件，实现高质量铁电薄膜集成；同时基于离子切片技术制备铌酸锂单晶铁电薄膜，并对薄膜质量及晶格取向进行系统表征，所制备的薄膜具有良好的择优取向和纳米量级的表面粗糙度，为后续电畴调控和畴壁导电器件设计奠定原材料基础。同时搭建相关测试系统，为后续探针激励电场作用下的电畴调控及电学特性测试提供研究基础。

第 4 章为基于针尖极化的铁电电畴调控。基于前述获得的铁电薄膜（铁酸铋和铌酸锂），从铁电畴动力学基本规律入手，利用针尖极化手段实现纳米量级电畴精准调控。基于压电力显微镜极化调控手段，深入探索极化参数（幅值与持续时间）对电畴动态协同响应关系，获得了稳定可控的电畴翻转。利用测试系统详细分析压电特性以及铁电特性在外场下的响应规律，深入研究环境温度和辐照环境对电畴翻转的影响。本章所述针尖电场极化调控手段有利于实现精准有效的电畴调控，为后续畴壁导电效应研究奠定基础。

第 5 章为基于导电畴壁的温度传感器件。为了进一步探索畴壁附近电荷聚集及传输特性，进而设计基于导电畴壁的传感器件，本章基于导电力显微测试技术深入研究极化翻转形成的畴壁界面导电特性，实现了外场作用下铁电薄膜载流子动态调控。通过理论分析和系统测试得到畴壁附近载流子分布规律，系统研究低电压下可调谐畴壁导电特性，同时基于电容结构设计传感器件并探究电学传输特性，深入探索温度对导电畴壁载流子传输的影响和规律，验证纳米尺度下探针极化实现畴壁传感的可行性，为畴壁导电效应在铁电抗辐照传感领域的应用奠定研究基础。

1.5.2　意义

随着空间技术的蓬勃发展，辐照环境下高精度传感测试需求不断提升。同时，电子测试系统的蓬勃发展离不开纳米尺度基础功能单元的研究，开展微观尺度下功能材料的性能研究，对拓展器件应用具有重要的意义。铁电薄膜良好的自发极化及翻转特性免疫于空间辐照环境，在空间环境中电畴形态得以稳定保持，为基于铁电器件的应用奠定基础。特别指出，基于导电畴壁附近的载流子聚集响应，加工纳米尺度的畴壁单元稳定结构，可实现高精度温度传感测试。然而，目前商用极化多采用油浴极化块状铁电体，无法实现极化的高效、快速、精准调控，且基于传统材料微加工设计的产品不利于半导体器件的小型化和集成化。因此，探索铁电薄膜高质量可控制备，设计高效的极化调控方式，从而实现铁电薄膜的精准调控和高温环境下稳定性调控，为辐照环境下传感技术实现提供了新思路和新途径。

近年来，已有报道利用压电力显微镜进行多种铁电体的电畴调控，然而受到铁电内部退极化场的影响，电畴难以保持稳定，无法满足器件高温和长时间的应用需求。本书从热力学过程和电畴翻转理论入手，深入研究铁电薄膜内部电畴翻转动态及物理机制，为铁电薄膜的电畴精准调控奠定理论基础，旨在获得稳定的逻辑电畴状态。优化薄膜制备工艺，重点突破薄膜生长过程中的形核结晶过程，通过建立相关理论分析模型，深入探索铁电薄膜在外电场作用下的力-电耦合作用机理，并对电畴状态的可靠性及环境稳定性等基础科学问题进行深入研究，实现电畴精准调控并探究翻转电畴在辐照环境的稳定性。最后，基于前期探索开展铁电薄膜畴壁附近载流子传输特性研究，系统研究温度对电畴稳定性及畴壁导电特性的影响，并验证畴壁导电作为抗辐照温度传感器件的可行性。本书所做工作是新材料和新效应结合的基础研究，是工学与半导体电子学相结合的学科交叉融合前沿研究，为基于铁电薄膜的抗辐照传感器件应用奠定理论基础和关键技术支持，具有重要的科学意义和应用价值。

参考文献

[1] 徐晓婷．星载电子设备辐照防护关键技术研究 [D]. 西安：西安电子科技大学，2007.

[2] 王长河．单粒子效应对卫星空间运行可靠性影响 [J]. 半导体情报，1998, 035 (001)：1-8.

[3] 卢中县．空间高能电子辐照吸收剂量计算方法及其软件实现 [D]. 哈尔滨：哈

尔滨工业大学，2007.
[4] 燕少安．铁电场效应晶体管的电离辐射效应及加固技术研究［D］．湘潭：湘潭大学，2016.
[5] 高然．微纳加工技术下光纤传感器的研究［D］．北京：北京理工大学，2015.
[6] 平智超．光纤传感器的研制及其应用研究［D］．北京：北京理工大学，2016.
[7] QIAO X，GENG W，SUN Y，et al. Preparation of high piezoelectric and flexible polyvinylidene fluoride nanofibers via lead zirconium titanate doping [J]. Ceramics International，2020，46 (18)：28735-28741.
[8] CHEN X，QIAO X，ZHANG L，et al. Temperature dependence of ferroelectricity and domain switching behavior in Pb ($Zr_{0.3}Ti_{0.7}$) O_3 ferroelectric thin films [J]. Ceramics International，2019，45 (14)：18030-18036.
[9] HAN S T，ZHOU Y，ROY VA. Towards the development of flexible non-volatile memories [J]. Advanced Materials，2013，25 (38)：5425-5449.
[10] CHEN N K，BANG J，LI X B，et al. Optical subpicosecond nonvolatile switching and electron-phonon coupling in ferroelectric materials [J]. Physical Review B，2020，102 (18)：184115.
[11] DU H，WANG D，WANG L，et al. Investigation on energy dissipation by polarization switching in ferroelectric materials and the feasibility of its application in sound wave absorption [J]. Applied Physics A，2020，126 (2)：118.
[12] AKHMATKHANOV A R，CHUVAKOVA M A，NEBOGATIKOV M S，et al. Domain splitting in lithium niobate with surface dielectric layer [J]. Ferroelectrics，2020，559 (1)：8-14.
[13] LI M，YANG S，SHI R，et al. Engineering of multiferroic $BiFeO_3$ grain boundaries with head-to-head polarization configurations [J]. Science Bulletin，2021，66 (8)：771-776.
[14] AHN Y，SEO J，SON J Y，et al. Ferroelectric domain structures and thickness scaling of epitaxial $BiFeO_3$ thin films [J]. Materials Letters，2015，154：25-28.
[15] LUO Q，CHENG Y，YANG J，et al. A highly CMOS compatible hafnia-based ferroelectric diode [J]. Nature Communications，2020，11 (1)：1391.
[16] GU L，LIU J，CUI N，et al. Enhancing the current density of a piezoelectric nanogenerator using a three-dimensional intercalation electrode [J]. Nature Communications，2020，11 (1)：1030.
[17] LI Y，GENG W，ZHANG L，et al. Flexible PLZT antiferroelectric film capacitor for energy storage in wide temperature range [J]. Journal of Alloys and Compounds，2021，868：159129.
[18] SLUKA T，TAGANTSEV A K，DAMJANOVIC D，et al. Enhanced electromechanical response of ferroelectrics due to charged domain walls [J]. Nature

Communications, 2012, 3: 748.

[19] LI T, YANG Y, ZHANG Y, et al. Enhancement of the switchable diode effect by the surface hydroxylation of ferroelectric oxide thin films [J]. AIP Advances, 2020, 10 (9): 095002.

[20] ZHANG S, ZHU Y, TANG Y, et al. Giant Polarization Sustainability in Ultrathin Ferroelectric Films Stabilized by Charge Transfer [J]. Advanced Materials, 2017, 29 (46): 1703543.

[21] LI T, LIPATOV A, LU H, et al. Optical control of polarization in ferroelectric heterostructures [J]. Nature Communications, 2018, 9 (1): 3344.

[22] HUI F, LANZA M. Scanning probe microscopy for advanced nanoelectronics [J]. Nature Electronics, 2019, 2 (6): 221-229.

[23] AGRONIN A, ROSENWAKS Y, ROSENMAN G. Ferroelectric domain reversal in $LiNbO_3$ crystals using high-voltage atomic force microscopy [J]. Applied Physics Letters, 2004, 85 (3): 452-454.

[24] MCCONVILLE J P V, LU H, WANG B, et al. Ferroelectric Domain Wall Memristor [J]. Advanced Functional Materials, 2020, 30 (28): 2000109.

[25] HUANG Y C, LIU Y, LIN Y T, et al. Giant Enhancement of Ferroelectric Retention in $BiFeO_3$ Mixed-Phase Boundary [J]. Advanced Materials, 2014, 26 (36): 6335.

[26] BALKE N, RAMESH R, YU P. Manipulating Ferroelectrics through Changes in Surface and Interface Properties [J]. ACS Applied Materials & Interfaces, 2017, 9 (45): 39736-39746.

[27] HUANG X, PENG J, ZENG J, et al. The high piezoelectric properties and high temperature stability in Mn doped $Pb(Mg_{0.5}W_{0.5})O_3$-$Pb(Zr, Ti)O_3$ ceramics [J]. Ceramics International, 2019, 45 (5): 6523-6527.

[28] JEON J, KIM K H. Evolution of domain structure in $PbZr_{0.52}Ti_{0.48}O_3$ thin film by adding dysprosium [J]. Thin Solid Films, 2020, 701: 137940.

[29] YANG H, PAN L, XIAO M, et al. Iron-doping induced multiferroic in two-dimensional In_2Se_3 [J]. Science China Materials, 2020, 63 (3): 421-428.

[30] ZHOU Y, WANG C, LOU X, et al. Internal Electric Field and Polarization Backswitching Induced by Nb Doping in $BiFeO_3$ Thin Films [J]. ACS Applied Electronic Materials, 2019, 1 (12): 2701-2707.

[31] CHEEMA S S, KWON D, SHANKER N, et al. Enhanced ferroelectricity in ultrathin films grown directly on silicon [J]. Nature, 2020, 580 (7804): 478-482.

[32] SEIDEL J, VASUDEVAN R K, VALANOOR N. Topological Structures in Multiferroics-Domain Walls, Skyrmions and Vortices [J]. Advanced Electronic Materials, 2016, 2 (1): 1500292.

[33] ZEDNIK R J, VARATHARAJAN A, OLIVER M, et al. Mobile Ferroelastic Domain Walls in Nanocrystalline PZT Films: the Direct Piezoelectric Effect [J]. Advanced Functional Materials, 2011, 21 (16): 3104-3110.

[34] CRASSOUS A, SLUKA T, TAGANTSEV A K, et al. Polarization charge as a reconfigurable quasi-dopant in ferroelectric thin films [J]. Nature Nanotechnology, 2015, 10 (7): 614-618.

[35] ZHANG Q, XIE L, LIU G, et al. Nanoscale Bubble Domains and Topological Transitions in Ultrathin Ferroelectric Films [J]. Advanced Materials, 2017, 29 (46): 1702375.

[36] ZHANG Y, ZHONG X L, CHEN Z H, et al. Temperature dependence of polarization switching properties of $Bi_{3.15}Nd_{0.85}Ti_3O_{12}$ ferroelectric thin film [J]. Journal of Applied Physics, 2011, 110 (1): 014102.

[37] GARCIA J E, OCHOA D A, GOMIS V, et al. Evidence of temperature dependent domain wall dynamics in hard lead zirconate titanate piezoceramics [J]. Journal of Applied Physics, 2012, 112 (1): 014113.

[38] 张现亮. 星载电子设备机箱辐照防护理论研究 [D]. 西安: 西安电子科技大学, 2006.

[39] 黄庆. 离子辐照铌酸锂波导结构的晶格损伤和倍频效应 [D]. 济南: 山东大学, 2012.

[40] LI Y, MA Y, ZHOU Y C. Polarization loss and leakage current reduction in $Au/Bi_{3.15}Nd_{0.85}Ti_3O_{12}/Pt$ capacitors induced by electron radiation [J]. Applied Physics Letters, 2009, 94 (4): 042903.

[41] LEE S C, TEOWEE G, SCHRIMPF R D, et al. Total-dose radiation effects on sol-gel derived PZT thin films [J]. IEEE Transactions on Nuclear Science, 1992, 39: 2036.

[42] ZHU J, HUANG F, LI Y, et al. Dynamics and manipulation of ferroelectric domain walls in bismuth ferrite thin films [J]. National Science Review, 2020, 7 (2): 278-284.

[43] GENG W, LIU Y, MENG X, et al. Giant Negative Electrocaloric Effect in Antiferroelectric La-Doped Pb (ZrTi) O_3 Thin Films Near Room Temperature [J]. Advanced Materials, 2015, 27 (20): 3165-3169.

[44] RAMA K, VASUDEVAN Y-CC, HSIANG-HUA TAI, et al. Exploring Topological Defects in Epitaxial $BiFeO_3$ Thin Films [J]. ACS nano, 2011, 5: 879-887.

[45] ZHOU Z, SUN W, LIAO Z, et al. Ferroelectric domains and phase transition of sol-gel processed epitaxial Sm-doped $BiFeO_3$ (001) thin films [J]. Journal of Materiomics, 2018, 4 (1): 27-34.

[46] QIU C, XU Z, AN Z, et al. In-situ domain structure characterization of Pb($Mg_{1/3}Nb_{2/3}$)O_3-$PbTiO_3$ crystals under alternating current electric field poling [J]. Acta Materialia, 2021, 210: 116853.

[47] QIU C, WANG B, ZHANG N, et al. Transparent ferroelectric crystals with ultrahigh piezoelectricity [J]. Nature, 2020, 577 (7790): 350-354.

[48] GUO Y, GOODGE B, ZHANG L, et al. Unit-cell-thick domain in free-standing quasi-two-dimensional ferroelectric material [J]. Physical Review Materials, 2021, 5 (4): 044403.

[49] XUE F, HE X, LIU W, et al. Optoelectronic Ferroelectric Domain-Wall Memories Made from a Single Van Der Waals Ferroelectric [J]. Advanced Functional Materials, 2020, 30 (52): 2004206.

[50] MEIER D, SEIDEL J, CANO A, et al. Anisotropic conductance at improper ferroelectric domain walls [J]. Nature Materials, 2012, 11 (4): 284-288.

[51] MATSUMOTO T, ISHIKAWA R, TOHEI T, et al. Multivariate statistical characterization of charged and uncharged domain walls in multiferroic hexagonal $YMnO_3$ single crystal visualized by a spherical aberration-corrected STEM [J]. Nano Letters, 2013, 13 (10): 4594-4601.

[52] YU T, HE F, ZHAO J, et al. $Hf_{0.5}Zr_{0.5}O_2$-based ferroelectric memristor with multilevel storage potential and artificial synaptic plasticity [J]. Science China Materials, 2020, 64 (3): 727-738.

[53] JIANG A Q, GENG W P, LV P, et al. Ferroelectric domain wall memory with embedded selector realized in $LiNbO_3$ single crystals integrated on Si wafers [J]. Nature Materials, 2020, 19 (11): 1188-1194.

[54] SEIDEL J, MAKSYMOVYCH P, BATRA Y, et al. Domain wall conductivity in La-doped $BiFeO_3$ [J]. Physical Review Letters, 2010, 105 (19): 197603.

[55] BENCAN A, DRAZIC G, URSIC H, et al. Domain-wall pinning and defect ordering in $BiFeO_3$ probed on the atomic and nanoscale [J]. Nature Communications, 2020, 11 (1): 1762.

[56] ZHOU Y, FANG L, YOU L, et al. Photovoltaic property of domain engineered epitaxial $BiFeO_3$ films [J]. Applied Physics Letters, 2014, 105 (25): 252903.

[57] JIANG J, CHAI X, WANG C, et al. High temperature ferroelectric domain wall memory [J]. Journal of Alloys and Compounds, 2021, 856: 158155.

[58] ZHAO Y, YIN Z, FU Z, et al. Enhanced piezoelectric response of the two-tetragonal-phase-coexisted $BiFeO_3$ epitaxial film [J]. Solid State Communications, 2017, 252: 68-72.

[59] TU C S, CHEN P Y, SAO C, et al. Enhancement of local piezoresponse in

samarium and manganese co-doped bismuth ferrite ceramics [J]. Journal of Alloys and Compounds, 2020, 815: 152383.

[60] BHATNAGAR A, CHAUDHURI A R, KIM Y H, et al. Role of domain walls in the abnormal photovoltaic effect in $BiFeO_3$ [J]. Nature Communications, 2013, 4: 2835.

[61] WANG Z J, BAI Y. Resistive switching behavior in ferroelectric heterostructures [J]. Small, 2019, 15 (32): e1805088.

[62] LIU F, JI F, LIN Y, et al. Ferroresistive diode currents in nanometer-thick cobalt-doped $BiFeO_3$ films for memory applications [J]. ACS Applied Nano Materials, 2020, 3 (9): 8888-8896.

[63] GENG W, QIAO X, ZHAO C, et al. Temperature dependence of ferroelectric property and leakage mechanism in Mn-doped Pb ($Zr_{0.3}Ti_{0.7}$) O_3 films [J]. Ceramics International, 2021, 47 (17): 24047-24052.

[64] YANG H, LUO H M, WANG H, et al. Rectifying current-voltage characteristics of $BiFeO_3$/Nb-doped $SrTiO_3$ heterojunction [J]. Applied Physics Letters, 2008, 92 (10): 102113.

[65] ZHANG Q, GENG W, ZHANG J, et al. Effect of electrode interfaces on peak-drift switching current of PZT thin films [J]. Ceramics International, 2019, 45 (3): 3159-3165.

[66] CHOI T, LEE S, CHOI Y J, et al. Switchable ferroelectric diode and photovoltaic effect in $BiFeO_3$ [J]. Science, 2009, 324 (5923): 63-66.

[67] QIAO X, GENG W, CHEN X, et al. Enhanced energy storage properties and temperature stability of fatigue-free La-modified $PbZrO_3$ films under low electric fields [J]. Science China Materials, 2020, 63 (11): 2325-2334.

[68] ZHENG D, GENG W, QIAO X, et al. High energy storage of La-doped $PbZrO_3$ thin films using $LaNiO_3$/Pt composite electrodes with wide temperature range [J]. Journal of Sol-Gel Science and Technology, 2021, 98 (1): 264-270.

[69] ZHAO P, FANG Z, ZHANG X, et al. Aliovalent doping engineering for A-and B-sites with multiple regulatory mechanisms: A strategy to improve energy storage properties of $Sr_{0.7}Bi_{0.2}TiO_3$-based lead-free relaxor ferroelectric ceramics [J]. ACS Applied Materials & Interfaces, 2021, 13 (21): 24833-24855.

[70] MATSUO H, KITANAKA Y, INOUE R, et al. Bulk and domain-wall effects in ferroelectric photovoltaics [J]. Physical Review B, 2016, 94 (21): 214111.

[71] MARION H, ZHOU X D, LVKAS M L. et al. Control of polarization in bulk ferroelectrics by mechanical dislocation imprint [J]. Science, 2021, 372:

961-964.
[72] KELLEY K P, REN Y, MOROZOVSKA A N, et al. Dynamic Manipulation in piezoresponse force microscopy: Creating nonequilibrium phases with large electromechanical response [J]. ACS Nano, 2020, 14 (8): 10569-10577.
[73] BIAN J, WANG Y, ZHU R, et al. Mechanical-induced polarization switching in relaxor ferroelectric single crystals [J]. ACS Applied Materials & Interfaces, 2019, 11 (43): 40758-40768.
[74] ZHANG D, SANDO D, SHARMA P, et al. Superior polarization retention through engineered domain wall pinning [J]. Nature Communications, 2020, 11 (1): 349.
[75] ZHANG Q, VALANOOR N, STANDARD O. Epitaxial (001) $BiFeO_3$ thin-films with excellent ferroelectric properties by chemical solution deposition-the role of gelation [J]. Journal of Materials Chemistry C, 2015, 3 (3): 582-595.
[76] SEIDEL J, MARTIN LW, HE Q, et al. Conduction at domain walls in oxide multiferroics [J]. Nature Materials, 2009, 8 (3): 229-234.
[77] YANG S, PENG R-C, HE Q, et al. Electric field writing of ferroelectric nano-domains near 71° domain walls with switchable interfacial conductivity [J]. Annalen der Physik, 2018, 530 (8): 1800130.
[78] YANG C H, SEIDEL J, KIM S Y, et al. Electric modulation of conduction in multiferroic Ca-doped $BiFeO_3$ films [J]. Nature Materials, 2009, 8 (6): 485-493.
[79] JIANG J, BAI Z L, CHEN Z H, et al. Temporary formation of highly conducting domain walls for non-destructive read-out of ferroelectric domain-wall resistance switching memories [J]. Nature Materials, 2018, 17 (1): 49-56.
[80] YANG S Y, SEIDEL J, BYRNES S J, et al. Above-bandgap voltages from ferroelectric photovoltaic devices [J]. Nature Nanotechnology, 2010, 5 (2): 143-147.
[81] ZHANG Y, LU H, YAN X, et al. Intrinsic conductance of domain walls in $BiFeO_3$ [J]. Advanced Materials, 2019, 31 (36): 1902099.
[82] BEDNYAKOV P, SLUKA T, TAGANTSEV A, et al. Free-carrier-compensated charged domain walls produced with super-bandgap illumination in insulating ferroelectrics [J]. Advanced Materials, 2016, 28 (43): 9498-9503.
[83] VASUDEVAN R K, MOROZOVSKA A N, ELISEEV E A, et al. Domain wall geometry controls conduction in ferroelectrics [J]. Nano letters, 2012, 12 (11): 5524-5531.
[84] MA J, ZHANG Q, PENG R, et al. Controllable conductive readout in self-assembled, topologically confined ferroelectric domain walls [J]. Nature

Nanotechnology, 2018, 13 (10): 947-952.

[85] FU Z, CHEN H, LIU Y, et al. Interface-induced ferroelectric domains and charged domain walls in $BiFeO_3/SrTiO_3$ superlattices [J]. Physical Review B, 2021, 103 (19) .

[86] HAN M J, TANG Y L, WANG Y J, et al. Charged domain wall modulation of resistive switching with large ON/OFF ratios in high density $BiFeO_3$ nano-islands [J]. Acta Materialia, 2020, 187: 12-18.

[87] BEDNYAKOV P S, SLUKA T, TAGANTSEV A K, et al. Formation of charged ferroelectric domain walls with controlled periodicity [J]. Scientific Reports, 2015, 5: 15819.

[88] CHEN M, WANG J, ZHU R, et al. Stabilization of ferroelastic charged domain walls in self-assembled $BiFeO_3$ nanoislands [J]. Journal of Applied Physics, 2020, 128 (12): 124103.

[89] HONG Z, DAS S, NELSON C, et al. Vortex domain walls in ferroelectrics [J]. Nano Letters, 2021, 21 (8): 3533-3539.

[90] MOORE K, CONROY M, O'CONNELL E N, et al. Highly charged 180 degree head-to-head domain walls in lead titanate [J]. Communications Physics, 2020, 3 (1): 231.

[91] GODAU C, KÄMPFE T, THIESSEN A, et al. Enhancing the domain wall conductivity in Lithium Niobate single crystals [J]. ACS Nano, 2017, 11 (5): 4816-4824.

[92] RANA D S, KAWAYAMA I, MAVANI K, et al. Understanding the nature of ultrafast polarization dynamics of ferroelectric memory in the multiferroic $BiFeO_3$ [J]. Advanced Materials, 2009, 21 (28): 2881-2885.

[93] SCHRÖDER M, HAUBMANN A, THIESSEN A, et al. Conducting domain walls in Lithium Niobate single crystals [J]. Advanced Functional Materials, 2012, 22 (18): 3936-3944.

[94] TIAN G, YANG W, SONG X, et al. Manipulation of conductive domain walls in confined ferroelectric nanoislands [J]. Advanced Functional Materials, 2019, 29 (32): 1807276.

[95] BALKE N, BDIKIN I, KALININ S V, et al. Electromechanical imaging and spectroscopy of ferroelectric and piezoelectric materials: State of the art and prospects for the future [J]. Journal of the American Ceramic Society, 2009, 92 (8): 1629-1647.

[96] MCGILLY L J, YUDIN P, FEIGL L, et al. Controlling domain wall motion in ferroelectric thin films [J]. Nature Nanotechnology, 2015, 10 (2): 145-150.

[97] CHAUDHARY P, LU H, LIPATOV A, et al. Low-voltage domain-wall $LiNbO_3$ memristors [J]. Nano Letters, 2020, 20 (8): 5873-5878.

[98] QIAO X, GENG W, SUN Y, et al. Robust in-plane polarization switching in epitaxial $BiFeO_3$ films [J]. Journal of Alloys and Compounds, 2021, 852: 156988.

[99] LU H, TAN Y, MCCONVILLE JPV, et al. Electrical tunability of domain wall conductivity in $LiNbO_3$ thin films [J]. Advanced Materials, 2019, 31 (48): 1902890.

[100] WEN Z, WU D. Ferroelectric tunnel junctions: Modulations on the potential barrier [J]. Advanced Materials, 2019, 32 (27): 1904123.

[101] ZHANG Y, TAN Y, SANDO D, et al. Controlled nucleation and stabilization of ferroelectric domain wall patterns in epitaxial (110) bismuth ferrite heterostructures [J]. Advanced Functional Materials, 2020, 30 (48): 2003571.

[102] PRYAKHINA V I, ALIKIN D O, NEGASHEV S A, et al. Evolution of domain structure and formation of charged domain walls during polarization reversal in lithium niobate single crystals modified by vacuum annealing [J]. Physics of the Solid State, 2018, 60 (1): 103-107.

[103] WANG C, JIANG J, CHAI X, et al. Energy-efficient ferroelectric domain wall memory with controlled domain switching dynamics [J]. ACS Applied Materials & Interfaces, 2020, 12 (40): 44998-45004.

[104] GRUVERMAN A, ALEXE M, MEIER D. Piezoresponse force microscopy and nanoferroic phenomena [J]. Nature Communications, 2019, 10 (1): 1661.

[105] IEVLEV A V, MOROZOVSKA A N, ELISEEV E A, et al. Ionic field effect and memristive phenomena in single-point ferroelectric domain switching [J]. Nature Communications, 2014, 5: 4545.

[106] MA H, YUAN G, WU T, et al. Self-organized ferroelectric domains controlled by a constant bias from the atomic force microscopy tip [J]. ACS Applied Materials & Interfaces, 2018, 10 (47): 40911-40917.

[107] HUYAN H, LI L, ADDIEGO C, et al. Structures and electronic properties of domain walls in $BiFeO_3$ thin films [J]. National Science Review, 2019, 6 (4): 669-683.

[108] HU X, HOU X, ZHANG Y, et al. Size-controlled polarization retention and wall current in Lithium Niobate single-crystal memories [J]. ACS Applied Materials & Interfaces, 2021, 13 (14): 16641-16649.

[109] ELISEEV E A, MOROZOVSKA A N, SVECHNIKOV G S, et al. Static conductivity of charged domain walls in uniaxial ferroelectric semiconductors

[J]. Physical Review B，2011，83 (23)：235313.

[110] DANGIĆ Đ，FAHY S，SAVIĆ I. Giant thermoelectric power factor in charged ferroelectric domain walls of GeTe with Van Hove singularities [J]. npj Computational Materials，2020，6 (1)：195.

[111] LIU L，XU K，LI Q，et al. Giant domain wall conductivity in self-assembled $BiFeO_3$ nanocrystals [J]. Advanced Functional Materials，2020，31 (1)：2005876.

[112] GHARA S，GEIRHOS K，KUERTEN L，et al. Giant conductivity of mobile non-oxide domain walls [J]. Nature Communications，2021，12 (1)：3975.

[113] CHEN P，ZHONG X，ZORN J A，et al. Atomic imaging of mechanically induced topological transition of ferroelectric vortices [J]. Nature Communications，2020，11 (1)：1840.

[114] HEO Y，SHARMA P，LIU Y Y，et al. Mechanical probing of ferroelectrics at the nanoscale [J]. Journal of Materials Chemistry C，2019，7 (40)：12441-12462.

[115] WANG B，LU H，BARK C W，et al. Mechanically induced ferroelectric switching in $BaTiO_3$ thin films [J]. Acta Materialia，2020，193：151-162.

第2章

铁电抗辐照传感器理论

2.1
铁电抗辐照机理验证

铁电薄膜的自发极化状态非常稳定，具有本征抗辐照特性，对空间环境中的射线、带电粒子以及各种电磁辐照有强大的免疫能力，此外，铁电薄膜具有良好的剩余极化保持特性以及抗疲劳响应，基于铁电薄膜的极化响应能够设计低功耗、长寿命的电子器件；通常铁电单晶薄膜居里温度大于1200℃，完全能够满足空间环境温度测量需求。因此，基于铁电单晶薄膜温度传感器件是突破当前辐照环境下测试瓶颈的有效方案之一。

太空辐照环境中的 γ 辐射是原子核蜕变形成的特殊电磁波，波长较短，通常在纳米量级。由于该射线波长很短，因此具有很高的穿透能力，当 γ 射线入射到铁电体内部时，由于射线能量在 1.33MeV，此时发生非弹性散射，铁电薄膜内部造成的损伤主要表现为辐射电离效应，该响应是短时间内的瞬态响应，会在铁电薄膜内部产生初级电子、次级电子甚至三级电子[1]，而对于半导体电子器件而言，会产生缺陷和俘获陷阱，如图 2-1 所示，导致导带和价带位置隧迁，影响器件性能。

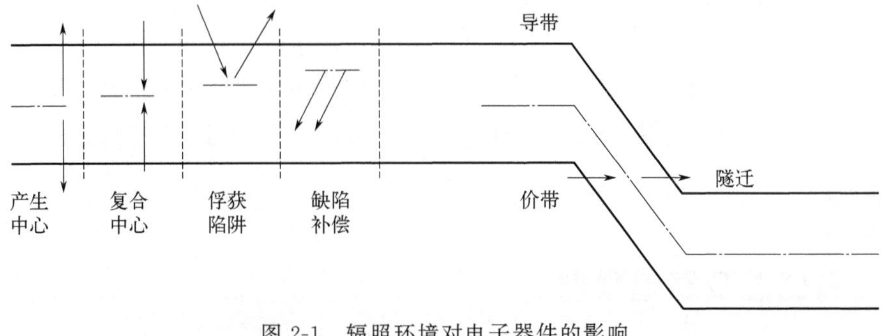

图 2-1　辐照环境对电子器件的影响

当 γ 射线辐射到铁电薄膜表面时，由于发生康普顿效应，打出康普顿电子，但只有在材料背面一个电子射程以内的电子才能离开材料飞出表面，对于铁电体这种绝缘体来说，电荷无法自由流动，将积累在材料表面，单位面积内的累积总电荷量可通过式(2-1) 得到：

$$Q=\int J_c \mathrm{d}t \tag{2-1}$$

式中，J_c 为材料背面发射的电流密度，当受辐照材料与其他物体之间的电容量为 C 时，建立的充电电位如式(2-2) 所示：

$$U=Q/C \tag{2-2}$$

通常辐照条件下激发电子和空穴对产生需要的能量只与材料的禁带宽度成正相关，与入射辐照粒子的种类几乎无关，该能量一般为禁带宽度的 3 倍左右[2]。而铁电薄膜通常都属于绝缘材料，其禁带宽度通常较大，因此铁电薄膜通常表现出较强的抗辐照能力。对于采用离子注入和可控剥离技术相结合获得的铁电单晶薄膜而言，射线辐照环境下只是改变了原子内部电子排列，产生电子空穴对等，并不会对晶格整体结构造成损伤，而铁电的极化状态与其晶格结构密切相关，正负电荷中心的偏移造成电偶极矩，也就是说，电偶极矩带来的自发极化状态并不会受到射线等辐照环境的直接干扰，相应的，极化取向不同的界面处也将免受辐照环境的影响[3]。

研究结果显示，离子辐照造成的损伤与辐照剂量并不呈现出正比例关系，根据研究报道的经验公式，表面损伤 D 与辐照剂量之间的关系如式(2-3) 所示：

$$D=1-\exp\left[-(\varphi/\varphi_c)^n\right] \tag{2-3}$$

此公式表明在离子辐照过程中的表面损伤存在临界剂量值 φ_c，当外界辐照能量在 φ_c 附近时，带来的损伤效应可能会更明显。

2.2 电畴调控及畴壁导电

铁电薄膜的自发极化特性在空间总剂量辐照环境中具有

超强的稳定性，众所周知，铁电畴在外电场作用下容易发生翻转，在应力和晶格扭曲作用下正负电荷中心发生偏移，满足体系自由能最小化条件时形成自发极化微区。翻转电畴的辐照稳定性需要通过实验去探究，且不同的晶体材料在铁电相时的稳定极化状态各不相同，通常在金属与铁电薄膜的界面处形成与极化电荷相反的屏蔽电荷，如图 2-2 所示，铁电畴的稳定状态与所处的屏蔽状态息息相关。电畴结构的稳定存在与很多因素有关，包括所处的电学、力学边界条件以及环境氛围，除此以外还和材料制备过程中的应力匹配、缺陷空位和薄膜厚度有关。

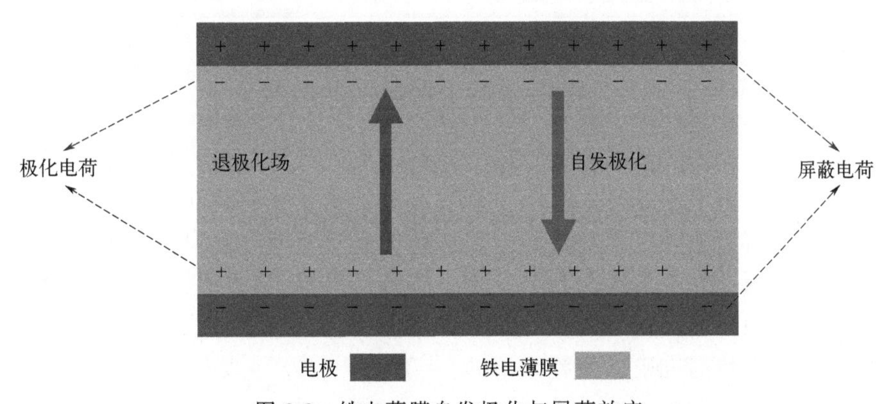

图 2-2 铁电薄膜自发极化与屏蔽效应

经典的铁电极化翻转主要通过电场极化调控铁电薄膜内部电偶极子动态，这是铁电体的基本特征，基于电场调控电畴是实现畴壁存在及传感的前提和基础。根据大量的实验和理论研究，电畴在外电场下的动力学翻转过程主要分为四个阶段：

(1) 新畴成核

反向电畴的成核过程通常发生在低电场加载时，研究表明低电场加载下反向电畴的成核满足式(2-4)：

$$n \propto e^{\frac{-\alpha}{E}} \tag{2-4}$$

式中，n 是反向电畴在单位时间下的成核总数；α 是电畴翻转成核对应所需的激活能。

（2）反向电畴纵向生长

反向电畴在成核后的生长过程分为纵向生长和横向扩张，其速率取决于多种因素，之前研究表明在纵向生长阶段，速率随加载电场的增加呈指数速度上升，而反向电畴在贯穿后的横向扩张速率 m 与电场的关系则比较复杂，跟施加的电场强度有关，在低场时，扩张速率也是随着电场增加呈指数速度上升并满足式(2-5)：

$$\mu \propto e^{\frac{-\delta}{E}} \tag{2-5}$$

式中，δ 为激活场。在高电场时，横向扩张速率 μ 与电场 E 呈幂指数关系，如式(2-6) 所示：

$$\mu \propto E^{1.4} \tag{2-6}$$

（3）反向电畴融合与电畴异常翻转行为

电畴纵向生长贯穿薄膜到横向扩张的过程中，如果遇到其他区域成核点位的电畴翻转，则两者会在满足体系自由能最小化的前提下进行融合，形成新的电畴状态。也有研究表明，电畴的异常翻转在特定条件下也有可能发生，该异常行为主要是由在撤去极化电场的瞬间薄膜不完全的屏蔽造成的，与所处的环境湿度密切相关。

简单来讲，极化翻转主要是通过新畴的形成以及畴壁的运动来完成的。铁电畴翻转的动力学过程可以简化，如图 2-3 所示，假设铁电体的稳态极化方向朝下，当在上下电极之间施加与初始电畴相反的电场时（需超过矫顽电场），沿着电场方向就会有新的电畴成核，随着极化过程的持续进行，新翻转的电畴在满足能量势垒的情况下实现纵向生长与横向扩张，最终这些新翻转的电畴点位融合成单一朝向的微区，与初始区域之间形成畴壁。翻转电畴的稳定保持特性与所处的极化状态和边界条件息息相关。众所周知，引起铁电薄膜电畴退极化的主要原因包括不完全屏蔽的退极化场导致的极化衰减，以及由极化电荷补偿和晶格内部缺陷引起的钉扎效应。

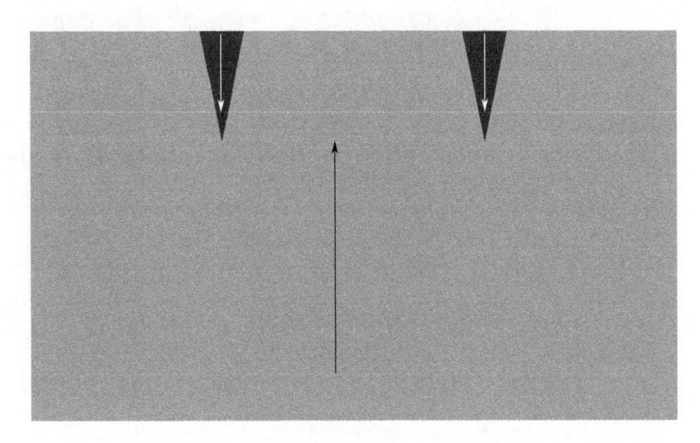

(a) 成核

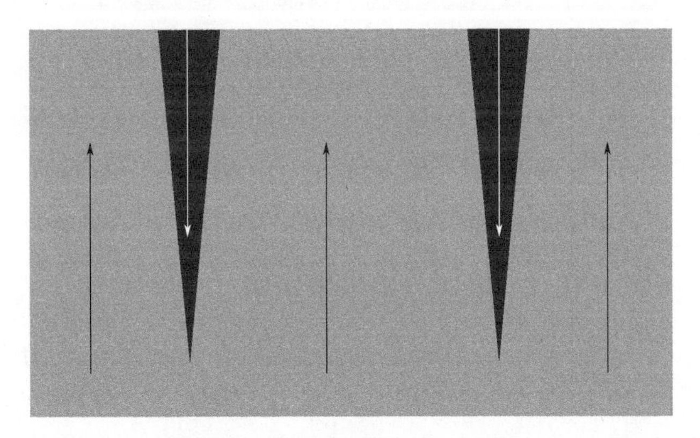

(b) 生长

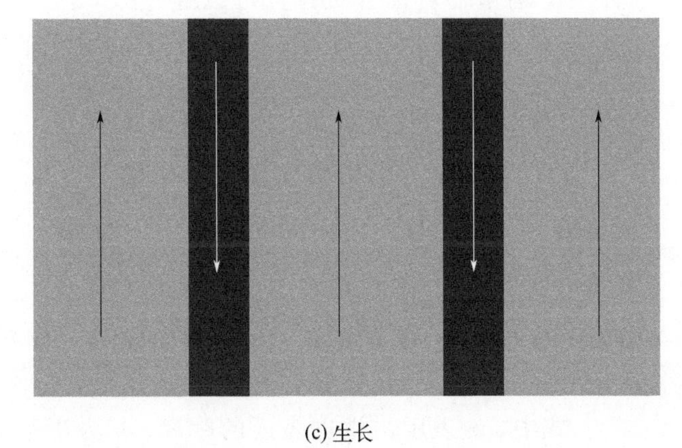

(c) 生长

图 2-3

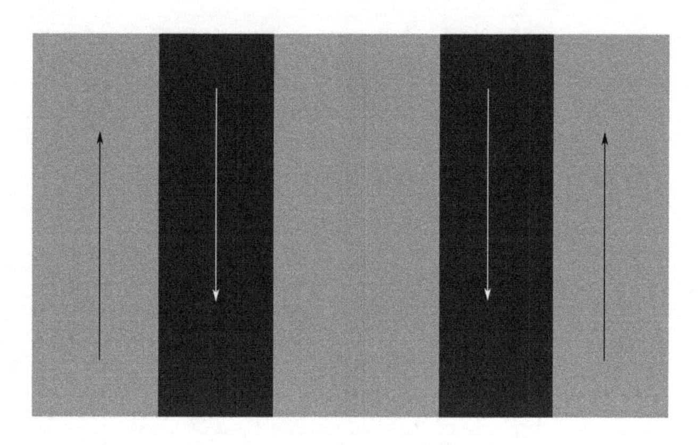

(d) 生长

图 2-3　铁电薄膜电畴动态过程

研究表明，铁电薄膜的电畴在针尖极高的极化场强作用下容易翻转，当退极化场和外加针尖激励电场叠加能量总和大于电畴运动所需的临界场 E_c 时，新畴的成核过程更容易发生，成核条件满足式(2-7)：

$$E_3^{d}+E_3^{tip}\geqslant E_c \tag{2-7}$$

探针的针尖电场分量呈轴对称分布且在针尖正下方位置达到最大。扫描探针的针尖具有纳米级的半径尺寸，当电压加载到该导电探针时，局部区域会产生很高的极化电场。根据 Kalinin 等人的研究结果，在横向各向同性的铁电体中，针尖电场呈轴对称分布并且可以通过式(2-8) 和式(2-9) 来近似[4]：

$$E_z^{tip}(\rho,z)\approx\frac{U\left(\frac{a}{\gamma}\right)\left(a^*+\frac{z}{\gamma}\right)}{\left[\left(a^*+\frac{z}{\gamma}\right)^2+\rho^2\right]^{\frac{3}{2}}} \tag{2-8}$$

$$E_\rho^{tip}(\rho,z)\approx\frac{U\left(\frac{a}{\gamma}\right)\rho}{\left[\left(a^*+\frac{z}{\gamma}\right)^2+\rho^2\right]^{\frac{3}{2}}} \tag{2-9}$$

式中，z 表示与铁电表面的距离；ρ 为半径方向的坐标位置；U 是施加到探针的电压值；a 是探针针尖的有效尺寸；

$a^*=a+H$，其中 H 值与可能存在的有效介电层有关；$\gamma=\sqrt{\frac{\varepsilon_{33}}{\varepsilon_{11}}}$是铁电薄膜介电各向异性因子，因其具有不同的对角张量 $\varepsilon_{11}=\varepsilon_{22}\neq\varepsilon_{33}$。

进一步分析针尖电场的空间分布规律，归一化的针尖电场在 $\rho=0$ 处最大，这将导致在针尖的正下方形成圆柱中心的电畴翻转。辐射电场半径在 $\rho=0$ 处为零，并且在表面 $\rho(z)=\frac{a^*+\frac{z}{\gamma}}{\sqrt{2}}$位置处有极大值，且辐射的电场在 $z=0$ 处为半径 $\gamma_{\max}=\frac{a^*}{\sqrt{2}}$的环形。当半径距离 $\rho\geqslant a^*$ 时，辐射场强高于归一化的值且按照 ρ^{-2} 比例扩大。此外，针尖激励的电场 $E^{\mathrm{tip}}(\rho,0)=\sqrt{[E_{\rho}^{\mathrm{tip}}(\rho,0)]^2+[E_{z}^{\mathrm{tip}}(\rho,0)]^2}$，在 $\rho>2a^*$ 的范围时变为辐射状分布，因此辐射类型的极化场强在 $1.5a^*<\rho<3a^*$ 环形区域内仍然有效。所提到的参数包括半径尺寸 $\gamma_{\max}$、有效接触面积 a^* 均依赖于实际测试过程中的极化条件，当针尖尺寸远大于探针与样品表明的距离时，外界湿度对分布特性影响并不明显。研究表明当针尖施加与自发极化的方向相反时，铁电薄膜发生正常的电畴翻转，且针尖作用下的铁电极化屏蔽通过可移动的质子实现。

电畴翻转过程中形成的畴壁能够降低系统内部能量总和，铁电晶体中畴壁的存在状态与材料种类、晶格结构以及所处的边界条件相关。由于畴壁处具有良好的电荷聚集特性，导电畴壁在半导体器件应用上有着十分广阔的前景。现有研究将畴壁的导电性提升归因于极化不连续引起的载流子聚集效应，而具体到相应的材料体系中，不同的畴壁类型具有截然相反的导电特性。需要指出的是，畴壁电流与电畴翻转电流的产生机制不同，在畴壁处的导电性提升可以通过循环测试得到，而翻转电畴对应的电流只在瞬间完成，导电提升只能通过电滞回线的测试得到，之前研究发现铁电薄膜的翻转电流只出现在电畴翻转位置，且一个翻转周期只能观察到一次电流信号。

常规铁电体中带电畴壁形成需要足够的自由带电粒子补偿（假设畴壁宽度 w 为 10nm 左右），导致单位体积内较高的载流子密度 $n=2Ps/(wq)\approx1\times10^{20}\text{cm}^{-3}$（其中 q 是基本电荷），因而导电畴壁形成过程中必须存在大量的自由载流子以保证完全屏蔽状态及稳定性。然而，典型的铁电体是宽带隙材料，其本质是一种绝缘体，不可能通过本征自由载流子来提供如此巨大数量的屏蔽电荷（重掺杂材料除外）。因此，铁电薄膜中通常不具备带电畴壁形成条件，也就是说几乎不能在未加调控的条件下观察到带电畴壁。实验中通过加载外加电场完成极化翻转，在极化电压加载过程中通过调控极化参数或者改变应力状态，诱导畴壁产生，进而在畴壁处探测到相应的导电特性，也就是说，畴壁导电的形成与稳定的电畴状态和完整的屏蔽特性息息相关。

不同极化取向的电畴界面处畴壁宽度通常为亚纳米至百纳米量级，畴壁角度与其两侧电畴取向互成的角度有关，不同铁电体的电畴取向角度不尽相同，在无铅铁酸铋薄膜中通常包括 71°、109°和 180°畴壁。由于电畴界面极化不均匀特性，在该位置处具有一定的畴壁能 W，其表达式如式(2-10)所示：

$$W=\frac{\delta}{d}V \tag{2-10}$$

其中，δ 为畴壁界面单位面积能量；d 表示电畴的宽度；V 是晶体体积。

铁电电畴结构界面处的能量特性是体系内部载流子及能量势垒共同决定的，其中不同极化取向的电畴形态形成了不同能量状态的畴壁，一般来讲，不同取向界面处的畴壁响应截然相反，当两个极化微区的取向为头对头或者尾对尾时，注入电荷以及导电载流子会在畴壁库仑力作用下迁移并聚集如图 2-4 所示，我们通常将这类畴壁称为带电畴壁，而当畴壁两侧的极化取向相反时（头对尾或尾对头），晶格内部的正负电荷相互抵消，导致畴壁处呈现中性响应，这类畴壁称为中性畴壁。其中，带电畴壁处的边界电荷密度通过式(2-11)得到：

$$\boldsymbol{\sigma}_p=(P_2-P_1)\boldsymbol{n}_1 \tag{2-11}$$

式中，P_1 和 P_2 代表相邻电畴的极化强度；$\boldsymbol{n}_1$ 是畴壁指向电畴 1 的垂直矢量。导电畴壁的状态与电畴形态随体系内部应力变化不同而不同，边界电荷补偿的屏蔽响应程度是直接决定畴壁导电程度强弱的直观分量，铁电内部的自由载流子补偿是形成导电畴壁的重要原因[5,6]。

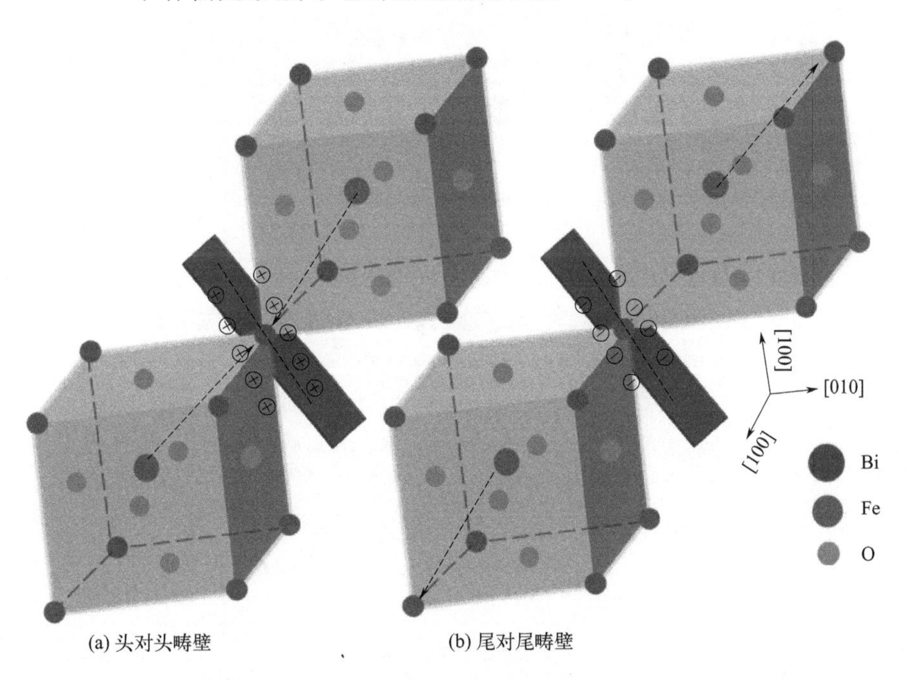

图 2-4　铁酸铋薄膜

研究人员在铁酸铋薄膜头对头的电畴调控中发现了畴壁导电效应，同时 Seidel 等人通过研究 La 掺杂铁酸铋薄膜发现 109°畴壁处更容易形成导电载流子聚集[7]。利用极化电压调控电荷掺杂过程，在铁酸铋薄膜中形成了头对头的导电畴壁和尾对尾的不导电畴壁，同时还发现铁酸铋薄膜中的头对尾的畴壁在低电压时比其他畴壁更容易移动，而在高电压下，尾对尾畴壁变得相当活跃，造成这一现象的原因可能与带电畴壁的高成核能和相对低的生长能有关[8]。

而铌酸锂属于典型的单轴铁电体，如图 2-5 所示，单晶的铌酸锂薄膜在未极化状态下具有单一取向的电畴，通过极化调控电畴生长，改变电畴倾角并在倾斜的畴壁处观察到导电

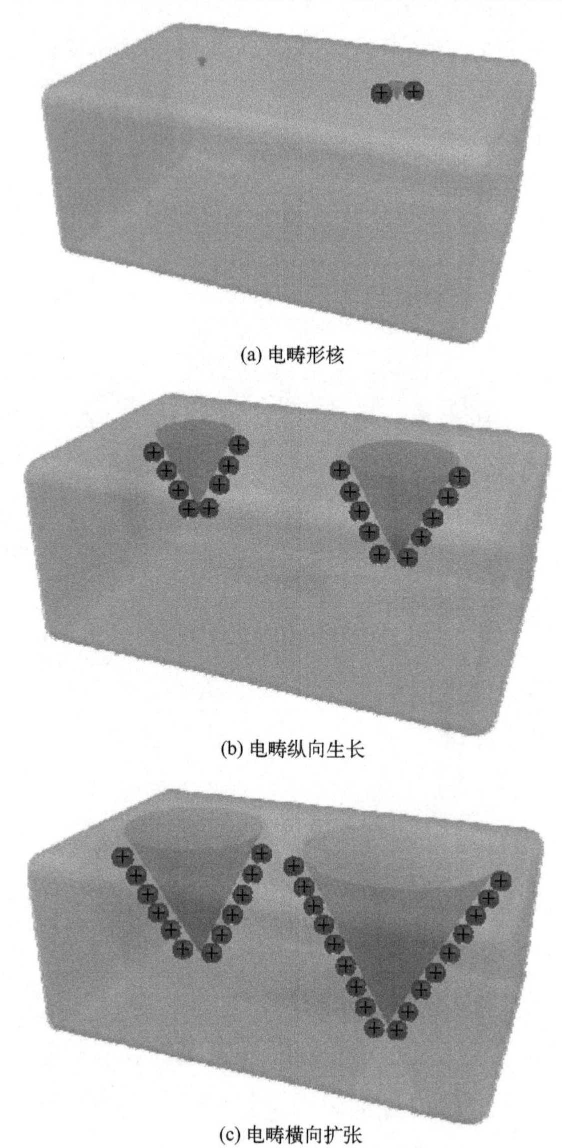

(a) 电畴形核

(b) 电畴纵向生长

(c) 电畴横向扩张

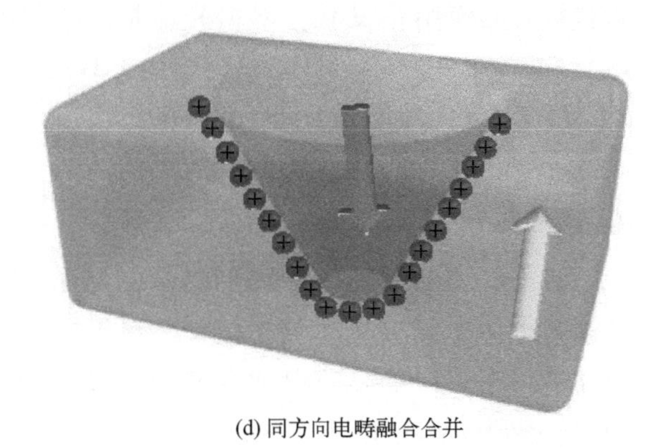

(d) 同方向电畴融合合并

图 2-5　铌酸锂薄膜电畴翻转及畴壁导电示意图

特性，且该导电性能够被低于矫顽电场的电压调制[9]。基于此，Lu 等人通过实验和理论计算探索了铁电铌酸锂薄膜中畴壁的原位电学可调谐行为。通过对电畴翻转区域的横截面进行透射电镜扫描以及扫描探针显微镜畴壁成像，直接在畴壁取向和电学传输特性之间建立关联特性。由针尖诱导生成的电畴区域具有倾斜的边界，相对于极轴倾角高达 20°，在头对头畴壁处诱导的束缚电荷密度导致电荷积累和畴壁电导增加。在低于矫顽电压的加载过程中发现畴壁电导可调谐 2 个数量级，相场模拟结果显示畴壁的导电可调谐状态与铁电薄膜的畴壁弯曲和微小移动有关[10]。

2.3 抗辐照温度传感设计

高灵敏抗辐照的负温度系数（NTC）热敏电阻在航空技术和工业生产领域具有巨大的潜在应用价值，而宽温区灵敏度和稳定性已成为目前 NTC 热敏电阻材料面向应用亟需解决的关键问题。畴壁导电机理在实验上主要依赖于畴壁电流在温度场下的变化规律，理论上通常采用相场模拟计算畴壁附近载流子浓度和迁移率与温度之间的关系，或通过第一性原理计算畴壁附近材料的能带结构变化。根据先前报道，畴壁电流与温度呈 Arrhenius 对应关系，式(2-12）表征了畴壁电流在温度扰动下的对应关系：

$$I=\exp\left(\frac{E_a}{TK_B}\right) \tag{2-12}$$

式中，E_a 代表铁电薄膜的激活能；K_B 为玻尔兹曼常数。通常铁电体属于半导体材料，其电学传输特性受到肖特基势垒和能带弯曲影响，一般而言其电学传输特性满足 Schottky 和 Poole-Frenkel（PF）导电机制，如式(2-13）和式(2-14）所示：

$$J=AT^2\exp\left(\frac{\beta_s E^{\frac{1}{2}}-\varphi_s}{K_B T}\right) \tag{2-13}$$

$$J=\sigma_0 E\exp\left(\frac{\beta_{PF} E^{\frac{1}{2}}-E_1}{K_B T}\right) \tag{2-14}$$

式中，$\beta_s=[e^3/(4\pi\varepsilon_0\varepsilon_r)]^{1/2}$ 是肖特基系数；A 为 Richardson 常数；φ_s 是界面势垒高度；K_B 为玻尔兹曼常数；T 是绝对温度；ε_r 是薄膜的介电常数；$\beta_{PF}=[e^3/(\pi\varepsilon_0\varepsilon_r)]^{1/2}$ 是 Poole-Frenkel 系数；E_1 为离子俘获能量；σ_0 是零偏压下的材料导电性。

导电畴壁应用于抗辐照温度传感的最大不足在于畴壁电流信号比较微弱。如何大幅度提升畴壁电流，成为高精度温度测量最需要迫切解决的关键问题[11]。电畴翻转速度快，当前已报道的电畴翻转最短时间在皮秒量级，利用电畴快速翻转形成导电畴壁，调控畴壁正负束缚电荷量，实现畴壁电流大幅度提升，被认为是最佳解决途径。通过对铁电薄膜电畴翻转动力学过程进行分析，全面了解电畴翻转的动力学过程及稳态调控。通过压电力显微镜施加激励电场打破材料内部的平衡状态，在满足系统能量最小化的前提下，材料内部电偶极子沿着电场方向转向且稳定在某一特定状态。理论上，当外加电场大于材料的矫顽电场时，电畴成核与翻转过程就能实现，而事实上，电畴翻转与所处的电学屏蔽状态有关。不同的电畴翻转保持特性及稳定性大不相同，电畴稳定性与退极化场和感应电荷耦合相关，只有完全屏蔽状态下的电畴才能保持相对稳定[12]。通过探索加载电压与时间的协同作用关系，探明极化过程中的电荷注入规律，研究退极化场与饱和极化的屏蔽电荷动态平衡条件，从而实现电畴精准调控与稳定保持。

在前述电畴翻转稳定存在的基础上，通过导电力显微镜探测畴壁处的导电响应特性，探究畴壁处的载流子聚集规律。利用温度扰动环境下的畴壁电流动态响应，将畴壁电流响应作为核心敏感单元，实现高精度的温度传感测试，为基于畴壁电流的抗辐照传感研究奠定基础。因此，利用针尖极化电场实现电畴精准调控，优化极化工艺和屏蔽状态，是实现电畴翻转稳定性与畴壁导电性的重要途径，前期电畴调控为后续纳米尺度下的导电路径调控与温度传感设计研发提供重要的研究基础。

本章小结

本章详细讨论了铁电单晶薄膜的本征抗辐照机理，在针尖铁电薄膜电畴反转的基础上，系统探究了针尖电场分布规律以及针尖极化作用下铁电薄膜内部电荷集聚情况。通过典型的铁电薄膜铌酸锂和铁酸铋，系统分析了铁电薄膜中导电畴壁调控特性，尤其是在宽温度范围内畴壁导电性变化函数关系，为后续针尖极化实现电畴精准调控，优化极化工艺和屏蔽状态，提升电畴翻转稳定性与畴壁导电传感器件设计研发提供重要的研究基础。

参考文献

[1] 秦丽，郭红霞，张凤祁，等．铁电存储器 60Coγ 射线及电子总剂量效应研究 [J]. 物理学报，2018，67（16）：7.

[2] 胡红坤，郑德晟．γ 射线辐射对铌酸锂 Y 波导集成光学器件的影响 [J]. 电子技术与软件工程，2018，（16）：2.

[3] 黄庆．离子辐照铌酸锂波导结构的晶格损伤和倍频效应 [D]. 济南：山东大

学，2012.

[4] IEVLEV A V，MOROZOVSKA A N，ELISEEV E A，et al. Ionic field effect and memristive phenomena in single-point ferroelectric domain switching [J]. Nature Communications，2014，5：4545.

[5] 葛宛兵．基于扫描探针显微镜的铁电畴壁动力学标度行为研究 [D]. 成都：电子科技大学，2019.

[6] 关赵．基于扫描探针显微镜的传统及新型铁电体的研究 [D]. 上海：华东师范大学，2020.

[7] SEIDEL J，MAKSYMOVYCH P，BATRA Y，et al. Domain wall conductivity in La-doped $BiFeO_3$ [J]. Physical Review Letters，2010，105 (19)：197603.

[8] ZHU J，HUANG F，LI Y，et al. Dynamics and manipulation of ferroelectric domain walls in bismuth ferrite thin films [J]. National Science Review，2020，7 (2)：278-284.

[9] CHAUDHARY P，LU H，LIPATOV A，et al. Low-voltage domain-wall $LiNbO_3$ memristors [J]. Nano Letters，2020，20 (8)：5873-5878.

[10] LU H，TAN Y，MCCONVILLE J P V，et al. Electrical tunability of domain wall conductivity in $LiNbO_3$ thin films [J]. Advanced Materials，2019，31 (48)：1902890.

[11] GENG W，HE J，QIAO X，et al. Conductive domain-wall temperature sensors of $LiNbO_3$ ferroelectric single-crystal thin films [J]. IEEE Electron Device Letters，2021，42 (12)：1841-1844.

[12] CRASSOUS A，SLUKA T，Tagantsev A K，et al. Polarization charge as a reconfigurable quasi-dopant in ferroelectric thin films [J]. Nature Nanotechnology，2015，10 (7)：614-618.

第3章

抗辐照铁电薄膜制备与表征

铁电薄膜具有优异的自发极化特性及抗总剂量辐照特性，为新型传感器件的设计提供了新的思路。同时伴随着薄膜生长技术的不断提高，优异铁电特性的功能薄膜可控制备成为可能。其中铁酸铋和铌酸锂单晶薄膜由于稳定的自发极化状态和可调特性，在铁电研究领域成为热点材料。本章利用脉冲激光沉积技术和可控剥离技术成功制备铁酸铋与铌酸锂单晶薄膜，通过优化生长条件，实现大面积高质量铁电薄膜集成制造，为后续电畴调控与畴壁导电传感单元设计奠定研究基础。

3.1 铁酸铋外延铁电薄膜制备与表征

3.1.1 脉冲激光系统与薄膜沉积

随着薄膜沉积技术近年来的飞速发展，对纳米尺度下的高质量薄膜研究提出了更高的要求，目前通过原子层沉积或者脉冲激光沉积系统生长的薄膜，具有良好的均匀性和平整的表面粗糙度，尤其是脉冲激光沉积技术利用等离子体与靶材的相互碰撞产生等离子体羽辉，扩散到基片上形成的薄膜与靶材成分几乎完全一致。

脉冲激光沉积（PLD）系统如图 3-1 所示，主要包括真空腔室、脉冲激光源以及相应的气路系统。在薄膜的制备过程中，等离子体作用于靶材表面产生的羽辉首先在衬底表面成核，对应形成独立的岛状成核点位，随着反应持续进行，大量羽辉气体在成核点附近连接形成完整薄膜。实验中影响薄膜生长质量的主要参数有激光的功率密度及波长，同时，脉冲宽度对等离子体形成也有重要的影响。合适的激光功率密度作用于靶材表面，形成符合设计要求且成分均一的羽辉，而过低的功率密度通常会使生成薄膜组分偏离靶材标准，导致沉淀物的产生并影响薄膜质量及表面粗糙度。同时薄膜沉积的质量还与脉冲持续的时间有关，当激光脉冲的作用时间较短时，其与靶材的烧蚀深度变浅，能够降低溅射液滴产生，进而提升薄膜的沉积质量。此外，气压、沉积速率和衬底的温度也会对薄膜的沉积质量产生影响。运用该技术生长薄膜的过程中主要是寻求激光参数与薄膜生长温度及气氛之间的协同搭配，进而实现性能优良的薄膜制备。

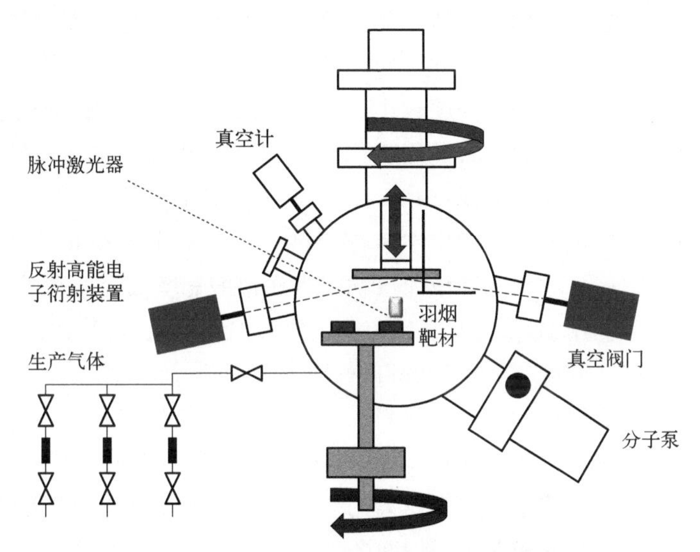

图 3-1　脉冲激光沉积系统示意图

脉冲激光沉积技术借助脉冲激光器产生的高密度能量激光聚焦于靶材表面产生羽辉，非常适合制备高质量的薄膜。相比于早期发展的分子束外延而言，通过工艺参数优化结合脉冲激光技术沉积的铁电薄膜通常表现出更优异的性能。相比于其他薄膜生长方式，脉冲激光技术的优点在于：沉积速率高，通常利用高频脉冲信号进行薄膜的制备生长，且工艺参数可以任意调节，理论上通过优化工艺参数能够实现多种靶材的匹配生长，且获得的薄膜组分与靶材设计一致[1]。

本实验采用脉冲激光沉积技术（PLD-450B，沈阳科学仪器）生长厚度约 100nm 的铁酸铋薄膜。实验中所需材料有：铁酸铋靶材（BFO）、钛酸锶基底（合肥科晶有限公司）、高纯氮气、氧气、丙酮（AR，99.5%）等。由于烧制靶材的原材料为 Bi_2O_3 和 Fe_2O_3，Bi 元素在高温环境中容易挥发，因此制备的

薄膜中容易观测到 Bi_2O_3 的杂相。先前的研究报道表明，通过改变基底的原子排列顺序，可以调节铁酸铋薄膜的生长动力学，从而形成有序的极化微区[2,3]。本实验选取（001）晶向的钛酸锶单晶作为衬底，钛酸锶是铁酸铋薄膜生长常见的衬底材料。为了进行电学传输性质表征，首先在钛酸锶上生长导电层钌酸锶，晶格结构通常为赝立方相，具有与铁酸铋相近的晶格常数3.93Å（1Å$=10^{-10}$m），在该电极上生长的铁酸铋薄膜与衬底材料的晶格失配较小，是铁电铁酸铋薄膜生长的理想电极材料。此外，由于钌酸锶良好的导电性，作为底电极能够完成极化实验和电滞回线（P-E）测试等，基于电极/薄膜/电极电容结构的电畴调控及电学传输测试一直是铁电薄膜领域的研究热点之一。利用脉冲激光沉积技术在钛酸锶基底上沉积导电层钌酸锶，利用 KrF 激光器激光源，同时控制能量密度（约 2J/cm^2）和氧气浓度（50～100mTorr）（1Torr＝133.32Pa），作为铁酸铋电容结构的下电极材料。在铁酸铋薄膜的沉积过程中控制其能量密度约为 2J/cm^2，选择频率为 6Hz 的 KrF 248nm 激光源，靶材与基板之间的距离约为 50mm，将流动氧气压力保持在 10Pa，并将基板加热至 630℃。一旦沉积过程完成，温度仍然保持10min 以形成平整的表面，随后冷却至室温[3]。其中，薄膜结晶过程中的空位及缺陷控制是影响薄膜质量的主要因素，具体制备过程如下。

a. 单晶钛酸锶衬底置入异丙酮浸泡并超声 10min 并在去离子水中超声清洗 10min，然后氮气吹干；

b. 衬底材料在烘箱中烘烤 2～4h（150℃），随后冷却至室温状态；

c. 利用脉冲沉积技术在衬底上生长外延铁酸铋薄膜和相应的导电层钌酸锶；

d. 利用磁控溅射系统沉积不同尺寸的上电极，本实验选用金作为上电极材料。

实验中所涉及的测试设备包括原子力显微镜（MFP-3D，美国 Asylum Research 公司）、共聚焦显微镜（LEXTOLS4100，奥林巴斯）、X 射线衍射分析仪（Ultima Ⅳ，日本理学

Rigaku)、扫描电子显微镜（SEM，蔡司 EVO18）。

3.1.2　铁酸铋功能薄膜表征

扫描探针是表征薄膜形貌特征的重要工具，虽然扫描探针能够在纳米尺度上获取分析所需的信号，但是探针与样品之间的相互作用会影响信号的获取，准确校准探针并量化探针与样品的接触力，避免接触作用力过大带来的样品损伤至关重要。施加的力与探针的校准过程密切相关，下面简单介绍探针的常规校准方式。

探针的悬臂相当于一个弹性系统，不同的纳米探针具有不同的弹性系数（spring constant）k。通过弹性系数 k 结合胡克定律，可以将探针在竖直方向受到的力和偏移通过式(3-1）联系起来，k 的单位是 N/m，如图 3-2 所示。

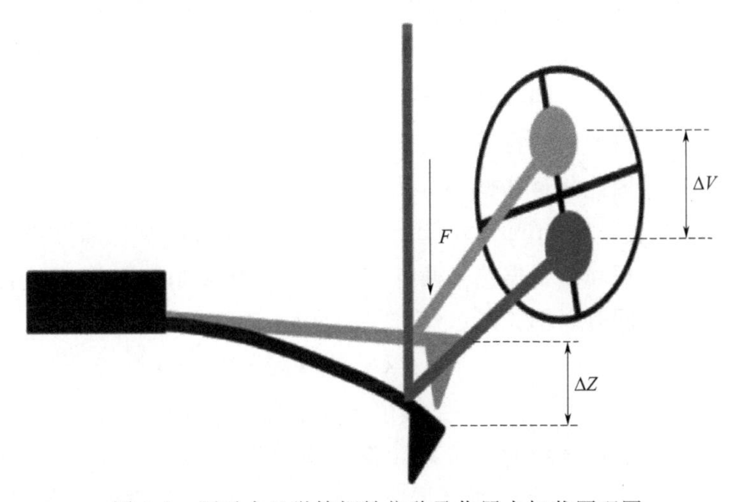

图 3-2　原子力显微镜探针位移及作用力加载原理图

$$F = k\Delta z \tag{3-1}$$

悬臂的偏移相当于微小的位移量，单位为 m；光电传感器探测到的是电压信号，单位为 V。将悬臂梁偏移控制在量程范围内，则检测的偏压信号与探针实际位移响应可通过光杠杆灵敏度（$InVols$）计算：

$$\Delta z = InVols\Delta V \tag{3-2}$$

光杠杆灵敏度的单位是 nm/V，通过该系数就能获得悬臂在探针运动过程中的位移信号对应的电学信号，最终通过光电探测器收集转换并成像。

因此在扫图测试过程中如果要知道悬臂真实的偏移进行形貌的探测，就必须校准 *InVols*。而如果想要知道针尖和样品之间的具体接触力，就需要同时校准测试探针的 *InVols* 以及 k：

$$F=k\Delta z=k\,InVols\,\Delta V \tag{3-3}$$

Asylum 软件中，集成了三种常用的校准方法：force curve（力曲线），thermal noise method（热噪声方法）和 Sader 校准。Sader 方法可以用来校准 k，力曲线可以用来校准光杠杆灵敏度，而热噪声方法构建了 k 与 *InVols* 之间的数量关系。

① force curve　让探针偏移一个可知的距离 Δz，同时测量 Deflection 电压信号变化 ΔV，后者与前者的比值就是 *InVols*。实际操作上，找一个非常硬的样品（不会发生形变），做一个力曲线；当探针与样品接触之后，探针整体向下移动 Δz（可由垂直方向的传感器精确探测），悬臂就会向上弯折相同的距离 Δz，因此悬臂的偏移量就可测得。

② thermal noise　即便探针没有激励，热噪声也会使探针振动。根据热平衡方程，探针的弹性系数 k 和光杠杆灵敏度之间有以下关系：

$$k=K_B T\langle\delta V^2\rangle InVols^2 \tag{3-4}$$

式中，K_B 是玻尔兹曼常数；T 是绝对温度；$\langle\delta V^2\rangle$ 是热噪声造成的悬臂基频振动模式下的 Amplitude 信号的均方值。$\langle\delta V^2\rangle$ 可以通过拟合热噪声振幅谱图的测试结果得到。因此，校准时候先做热噪声谱图，就可以通过 k 和 *InVols* 中的一个求出另一个。

③ Sader 校准　Sader 教授从流体动力学的角度发现，如果知道了探针的形状和尺寸，探针在流体（气体或液体）中的共振频率和品质因子，以及流体的密度和黏度，那么就可以求出 k。如果探针形状为长方形且长宽比大于 3，品质因子远大于 1（在空气中一般是满足的），那么 Sader method 存在，解析求解

得到探针具体参数。Sader method 最好是在常温常压的空气中进行，并且校准时探针要远离样品表面。

本实验中，利用原子力显微镜轻敲扫描模式对制备样品表面进行系统表征[4]，所选探针型号为 SCM-PIT-75（Nanoworld，k 为 2.8N/m）。在该模式中，通过探针的周期性振动探测针尖扫过样品表面时振幅信号变化，从而重构样品表面的形貌起伏信息，扫描中可通过加大探针振幅以及针尖与样品间的相互作用力大小，实现形貌特征准确表达。

A 薄膜为钛酸锶基底上沉积的铁酸铋薄膜，样品尺寸为 1cm×1cm，沉积薄膜的表面质量和其结晶取向通过相应的设备进行分析。由于钛酸锶晶体的晶格常数与铁酸铋相近，因此通过控制生长条件能够得到近似外延的铁酸铋薄膜。图 3-3 为通过原子力显微镜扫描得到的铁酸铋薄膜形貌表征，表面粗糙度均方根在 1.1nm 左右。同时，结合 XRD 晶向分析可知，所制备的薄膜表现出良好的外延特性（001）择优取向，通过切面 SEM 图显示，该沉积薄膜的厚度在 100nm 左右（图 3-4），通过优化生长工艺条件和氛围处理，实现了良好结晶取向的铁酸铋薄膜。

B 薄膜为在导电钌酸锶上生长的铁酸铋薄膜，生长尺寸为 1cm×1cm。利用脉冲激光沉积技术沉积的钌酸锶导电层有利于铁酸铋薄膜的台阶生长覆盖，如图 3-3(c) 所示，应力调控生长

(a) 铁酸铋薄膜形貌

图 3-3

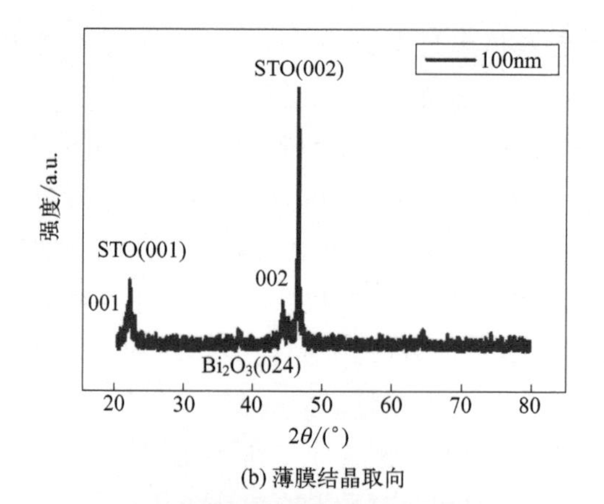

(b) 薄膜结晶取向

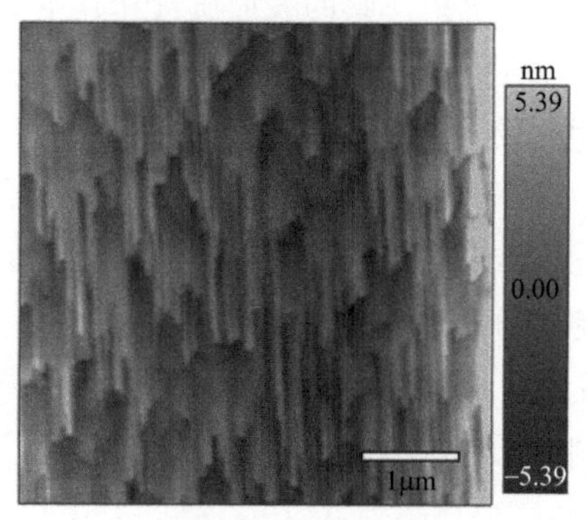

(c) 导电基底上铁酸铋形貌

图 3-3 铁酸铋薄膜形貌表征

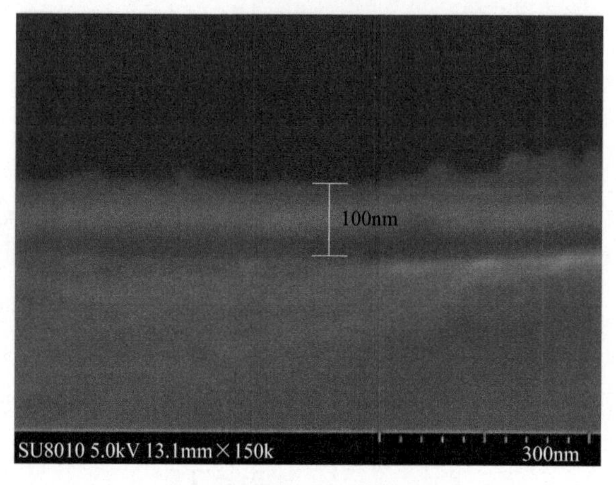

图 3-4 铁酸铋薄膜电镜图

模式导致没有三维岛状结构生成。同样地，利用原子力显微镜进行表征及晶向分析，可知薄膜表面粗糙度约为 0.5nm，且具有择优取向晶体结构。薄膜质量与基底晶格匹配、应力相关，通过优化生长工艺，获得了下电极-铁酸铋薄膜的结构，为后续垂直方向电畴翻转调控以及极化测试提供了条件。

3.2 铌酸锂铁电单晶薄膜制备与表征

3.2.1 离子注入与铁电单晶薄膜制备

铁电单晶铌酸锂薄膜在光学和声学器件领域有潜在的应用需求，当前制备铌酸锂薄膜的方法主要有两类：外延薄膜生长与离子注入剥离。其中，外延法主要有液相外延（LPE）和化学气相沉积（CVD）等，上述薄膜制备方法的薄膜成分不均匀，薄膜表面粗糙度大且易开裂，无法满足实验测试需求[5]。本书结合目前广泛报道的离子注入剥离法制备纳米量级高质量铁电单晶薄膜。为了实现缺陷层的可控制备，离子注入工序成为了铁电薄膜化过程中的关键步骤。通过离子注入调控半导体材料中的载流子浓度和导电类型，容易实现半导体材料可控掺杂，相比于传统的热掺杂工艺，离子注入方式能够对注入离子剂量、注入角度、注入深度以及横向扩散等方面进行精确控制，成为薄膜制备和调控过程中的重要手段。

通过离子注入法将氦离子以一定的能量注入到单晶铌酸锂晶体表层下，形成纳米量级的缺陷层，通过晶圆键合技术将离子注入的单晶铌酸锂片与硅/二氧化硅/铂钛片实现高强度键合，通过退火使单晶衬底从缺陷层位置处脱落，进而得到纳米厚度的铌酸锂单晶薄膜。通过离子注入，结合晶圆键合手段，能够在保留单晶良好性能的前提下实现批量化高质量硅基集成制造，其主要步骤有：离子注入、键合和退火剥离。图 3-5 为利用该技术实现纳米量级单晶薄膜制造的具体过程：先用特定剂量的高能粒子注入单晶铌酸锂块体中，并在其中形成一层缺陷非晶层，缺陷层的形成位置如图 3-5 圆形区域所示；然后，通过真空键合手段将其与硅片进行加压键合；最后，利用退火工艺使单晶从缺陷层位置处剥离脱落，形成了硅基上优异单晶特性的纳米量级铌酸锂薄膜。

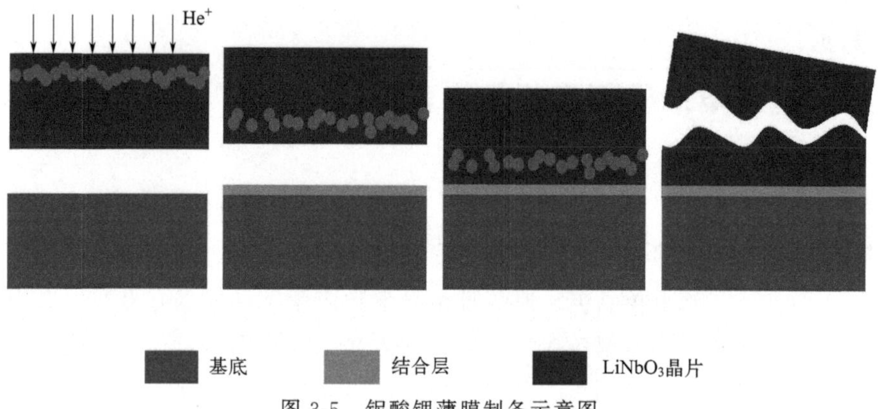

图 3-5　铌酸锂薄膜制备示意图

极化过程所需的硅基带电极薄膜制备的大致流程与上述描述类似，唯一区别是键合之前在硅片表面生长纳米厚度的金属电极材料，随后再将离子轰击过的铌酸锂块体通过键合技术进行异质集成，完成键合后，在高温环境下铌酸锂中注入离子的界面处会发生剥落，同时在高温的环境中注入离子脱离原来注入晶格位置，使其维持原有的晶体结构，最后通过对薄膜表明进行抛光处理，获得基于下电极结构的铌酸锂单晶薄膜，方便后续测试[6,7]。

3.2.2　铌酸锂铁电单晶表征

铌酸锂薄膜形貌表征手段与前述铁酸铋相似，均采用扫描探针对薄膜表面进行轻敲模式的测试，相关形貌结果如图所示，薄膜表面粗糙度为 1.2nm，薄膜表面划痕状与减薄抛光过程中的应力释放有关，通过 X 射线衍射分析可知，所得薄膜晶向为单晶取向，沿着 Z 轴择优生长如图 3-6 所示。

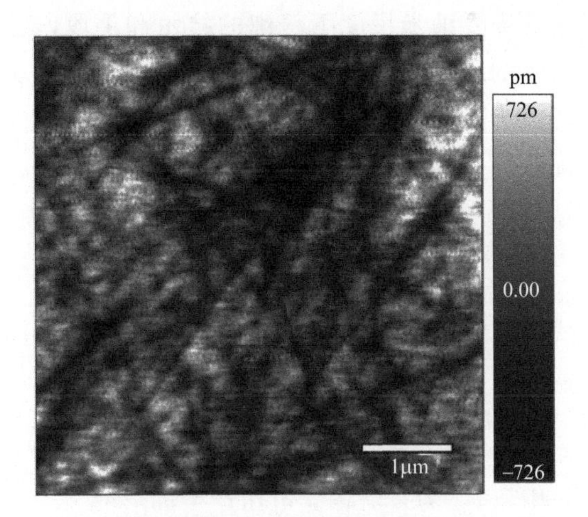

(a) 铌酸锂铁电单晶薄膜表面形貌

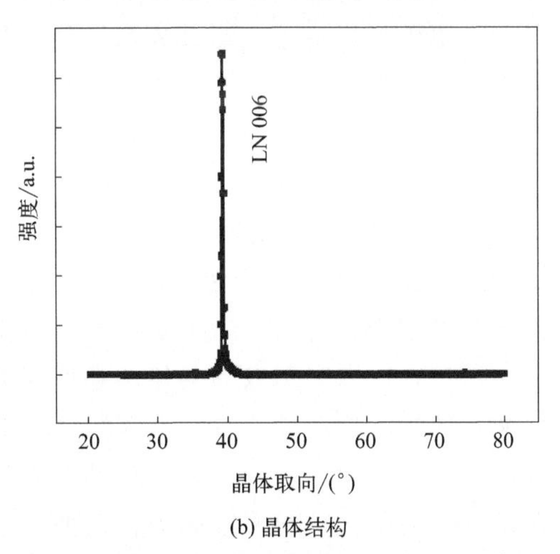

(b) 晶体结构

图 3-6　铌酸锂铁电单晶薄膜表面形貌与晶体结构

3.3 铁电电畴极化与表征

铁电薄膜内部电畴能够在外电场激励下沿着电场方向翻转，该翻转电畴对应相反的两个极化状态，表征铁电微观尺度下的电畴通常需要纳米尺度下精细的技术和手段，近年来随着扫描探针技术的不断完善和发展，利用扫描探针实现铁电薄膜电畴的表征成为可能，其测试原理主要是利用不同极化方向的电畴在外加激励信号的逆压电响应特性，进而实现区分。施加在探针尖端的电压为：

$$V_{tip}=V_{dc}+V_{ac}\cos(\omega t) \tag{3-5}$$

式中，V_{dc} 为直流偏压；V_{ac} 为交流驱动电压。由于铁电薄膜的逆压电效应，导致悬臂产生相应的位移为：

$$z=z_{dc}+A(\omega,V_{ac},V_{dc})\cos(\omega t+\varphi) \tag{3-6}$$

式中，z_{dc} 为直流偏置电压产生的形变。

基于压电力显微镜测试手段，在测试过程中通常施加一个交流电压到导电镀层针尖上，当针尖与样品接触共振时，针尖交流电压就会加在样品上。在交流电压激励下，由于逆压电效应，铁电薄膜会发生伸缩振荡，探针悬臂梁上的激光反射信号通过光电转换探测系统提取分析，并通过锁相放大电路对该组合信号进行拆分，得到相应的振幅和相位[8]，测试原理如图 3-7 所示，其中压电振幅的大小定性反映了测试样品压电性大小。在实际的实验过程中，材料的压电响应通常较弱，无法在较低激励下完美探测，通常利用双频共振增强模式测试，极化方向与探针振幅相同的电畴区域，在光电探测器反馈的信号会呈现增强效应，而对于极化与探针振幅相反的电畴区域，在光电探测器接收的反馈信号会呈现衰减效应。根据极化方向不同反馈得到的信号进行成像，结合材料本身的晶体学结构，能够科学有据地分析内部电畴的生长形态以及外部激励作用下的动态过程。扫描探针在垂直方向上的振动位移引发的垂直信号偏移对应铁电畴在垂直方向上的极化矢量，而由于探针扭曲导致的水平方向上的位移对应的是铁电畴在水平方向的极化分量，不同方向的电畴分量对应的电学扫描共振频率不同，一般面外电畴分量的共振响应频率为探针一阶共振频率的 3～5 倍。对于不同的铁电薄膜，需根据样品实际晶格结构旋转一定角度，进而获得完整的电畴信息。

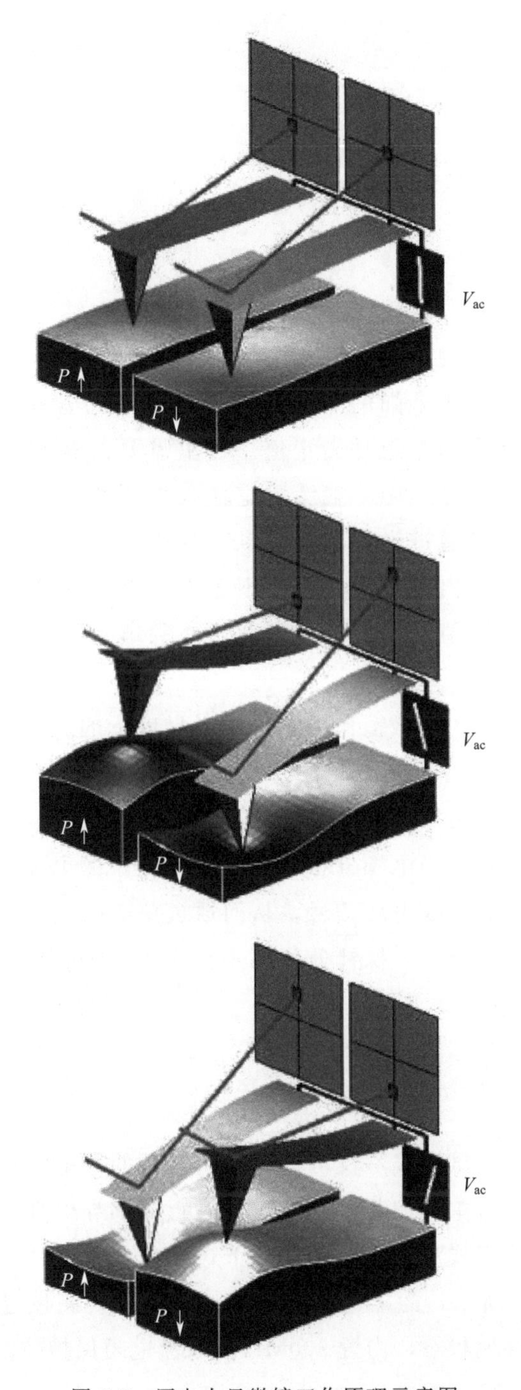

图 3-7　压电力显微镜工作原理示意图

3.4
铁电畴壁导电性表征

导电力显微镜（c-AFM）是微观和纳米尺度下表征测试电流信号的一种有效工具，根据欧姆定律，施加已知的电压信号去测试未知的弱小电流，该电流通常在 pA 量级，且测试回路中的电阻是固定值。这里需要注意的是，导电力显微镜在测试过程中一般为固定输入电压获取电流成像信号，同时也可以通过设置通道信息改变读取信号，即固定电流输出信号，输出的是固定电流下各点的电压加载情况，由于测试系统的阻值是固定的，因此这两种结果的输出信号实质是等同的。

导电力显微镜作为一种纳米尺度下的表征手段，通过电压偏置电路实现 fA～nA 量级的电流测试，为极化微区的导电测试奠定了良好的基础[9]。ORCA 导电模式测试主要在基底施加恒定偏压，导电探针接地并读取回路中的电流信号，利用电压放大器转换成电压信号，从而通过获取的电压信息得到相应区域的导电信号。探针处的电流大小 I_{in} 与电压响应 V_{out} 之间关系如式(3-7) 所示：

$$I_{in}=\frac{V_{out}}{R_{gain}} \tag{3-7}$$

该测试模式不仅可以对微小区域的导电特性进行成像，还可以通过单点加载自定义波形进行局部导电性分析，因而可以利用该模式对不同电压加载下畴壁处的导电特性进行研究，如图 3-8 所示，为导电畴壁的测试示意图，测试过程中导电探针处于接地状态，内置 500MΩ 的限流电阻保护控制器，得到相应位置的导电响应。

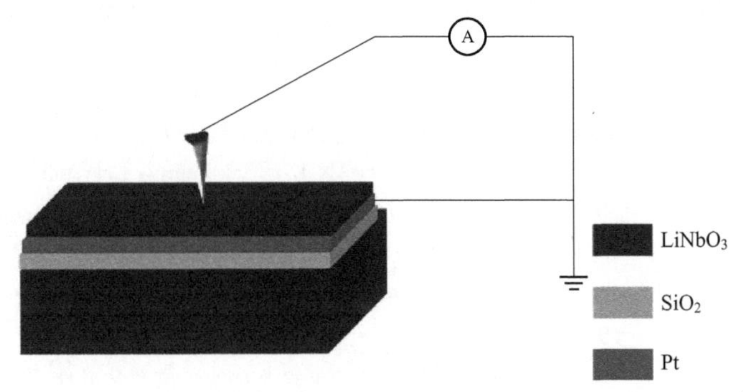

图 3-8　畴壁导电性测试示意图

本章小结

本章针对抗辐照铁电薄膜高质量可控制备问题，结合脉冲激光沉积技术制备外延铁酸铋薄膜，通过离子切片技术获得铌酸锂铁电单晶薄膜。此外还介绍了原子力显微镜表征过程中的力学调控及校准，电畴表征、调控和畴壁导电性测试基本原理，制备电容结构的铁电薄膜器件，方便电学传输特性及极化特性测试，所制备的铁电薄膜为后续电畴精准调控以及畴壁导电性研究奠定基础。取得以下两个方面的研究成果。

① 利用脉冲激光沉积系统制备铁酸铋功能薄膜，调控晶格匹配实现外延薄膜生长动力学调控，控制薄膜形核过程，制备的铁电薄膜表面粗糙度达到纳米级，形成择优生长的铁酸铋薄膜和良好的结晶形态，为后续电畴分析与调控奠定基础。

② 利用界面可控剥离和键合技术实现纳米级表面粗糙度的铌酸锂铁电薄膜制备，XRD 测试表明薄膜具有良好的单晶择优取向，同时制备基于铁电薄膜的三明治电容元件并探索电畴表征及极化工艺，为后续铁电薄膜的电畴调控奠定研究基础。

参考文献

[1] 李智华．脉冲激光制备薄膜的实验与机理研究初探［D］．武汉：华中科技大学，2001．

[2] SOLMAZ A，HUIJBEN M，KOSTER G，et al. Domain selectivity in $BiFeO_3$ thin

films by modified substrate termination [J]. Advanced Functional Materials, 2016, 26 (17): 2882-2889.

[3] CHEN D, ZHAO D, BAI Z, et al. Stripe domains in epitaxial $BiFeO_3$ thin films on (100) $SrTiO_3$ substrates [J]. Journal of Applied Physics, 2018, 123 (4): 044102.

[4] GENG W, CHEN X, PAN L, et al. Improved crystallization, domain, and ferroelectricity by controlling lead/oxygen vacancies in Mn-doped PZT thin films [J]. Materials Characterization, 2021, 176: 111131.

[5] 张辽原．铌酸锂铁电单晶薄膜异质集成及电畴调控机理研究 [D]. 太原：中北大学，2020.

[6] 邵光灏．铌酸锂超晶格畴工程及功能集成光学器件 [D]. 南京：南京大学，2017.

[7] 艾琳．离子注入铌酸锂脊形光波导的倍频效应研究 [D]. 济南：山东大学，2018.

[8] XUE G, GENG W, FU W, et al. Integrated fabrication and ferroelectric domain adjustment of lithium niobate single crystal films based on silicon substrate [J]. Materials & Design, 2022, 215: 110447.

[9] NIU L, QIAO X, LU H, et al. Diode-like behavior based on conductive domain wall in LiNbO ferroelectric single-crystal thin film [J]. IEEE Electron Device Letters, 2023, 44 (1): 52-55.

第4章

基于针尖极化的铁电电畴调控

铁电薄膜在抗辐照高灵敏传感器等领域具有广泛的应用前景，基于铅基材料锆钛酸铅（PZT）的铁电响应特性为新型铁电传感器与驱动系统提供了新思路。然而铅的挥发性及毒性与当前倡导的环境友好型无铅协议发展理念相悖，限制了其作为器件的大规模使用。铁电体的自发极化状态对外部环境条件敏感，外界因素（应力应变、环境温度、疲劳等）都可能对新畴成核和电畴动力学过程产生影响，进而导致器件失效[1-3]。目前针对铁电薄膜电畴稳态调控及温度稳定性的相关研究甚少，因此，迫切需要探索铁电畴的稳态调控手段，进而提升电畴结构作为核心单元的器件稳定性。近年来，已有多种极化技术运用到电畴调控过程，包括块状晶体的油浴辅助极化和应变梯度产生的电畴极化翻转[4]，现有的极化调控翻转方法在稳定性和设备需求方面具有特定的苛刻条件。因此，探索一种高效、稳定的电畴调控途径对于下一代铁电器件的发展具有重要意义。

本章利用压电力显微镜（PFM）研究了铁酸铋薄膜的局部电畴翻转、极化响应和保持特性。在导电探针针尖施加相反极性的直流电场偏置，成功实现了71°、109°和180°电畴翻转。通过旋转样品探测悬臂梁的偏振状态，测试压电响应的同时完成了三维空间电畴重构[5]。通过针尖电场实现电畴翻转稳定调控，有效地减少了无规则的电畴运动过程。通过重复性试验可以在此基础上实现阵列单元的加工制备，表明铁酸铋薄膜有望成为高温环境下铁电器件的理想材料。同时基于针尖电场操控铌酸锂薄膜电畴翻转，实现稳定的电畴状态调控，是实现畴壁温度传感技术的前提，通常铌酸锂薄膜的电畴稳定状态受到屏蔽电荷和退极化场的共同作用，满足系统能量最小化条件，翻转电畴在高温和长时间环境下存在，具有良好的稳定性。

4.1 铁酸铋铁电薄膜压电性表征

无铅铁电薄膜（铁酸铋）具有良好的铁电特性及稳定的调

控手段，适用于大规模产业化应用[6,7]。铋离子中两个 6s 电子与相邻氧离子的杂化导致八面体发生晶格畸变，获得较大的（约 $90\mu C \cdot cm^{-2}$）的铁电自发极化[8]。外延生长铁酸铋通常包含典型的电畴结构，以 71°、180°和 109°畴壁为主稳定存在[9]，具有可翻转和丰富的电畴状态而备受关注，大量研究重点关注铁酸铋薄膜的电畴翻转及畴壁导电效应[10]。

实验所需的测试设备在第 3 章中已经阐明，通过加载三角波与脉冲信号的混合激励信号，能够实时检测在针尖作用下薄膜内部的压电响应变化以及电畴的翻转情况。利用 SS-PFM 压电响应模式加载一定幅值的电压信号，检测反馈回路中收集的电学信号进行铁电分析。同时利用多功能扫描探针显微镜中的压电模块以及附加写畴功能，如 litho panel 和矢量 PFM 来探索电畴动力学过程。在所有模式下均使用弹性常数为 2N/m 和 (28±10)nm 针尖半径的导电 Pt 镀层探针（AC240TM-R3，Olympus），选用该类型探针的目的是将样品与针尖的最大作用力限制在 100nN 左右，在保护样品表面的同时准确获取样品的其他特征。

通过在针尖加载锯齿波脉冲信号，利用锁相放大与光电探测转换模块对针尖电场作用下的薄膜振动响应进行分析。图 4-1 为铁酸铋薄膜（厚度为 100nm）在 25～35V 的加载下测试所得的蝴蝶曲线与相位翻转特性，其中图 4-1(a) 为面外垂直方向上铁酸铋薄膜的压电响应信号，正负矫顽电场对应于相位突变的点，$V_{c+}=15V$，$V_{c-}=-10V$，这种正负矫顽电场不对称的情况多出现在铁电异质结构中，由接触界面势垒导致的内建电场决定，而内建电场的存在又受到极化状态与感应电荷的共同影响。电畴的翻转特性与矫顽电场密切相关，只有存在大于矫顽电场的局域电场，新的电畴才会成核，并在满足自由能最小的前提下稳定存在。由此可知，所制备的铁酸铋薄膜电畴由上往下的翻转比由下往上的翻转更加困难，进一步能够得到薄膜内部的内建电场方向指向顶部方向。图 4-1(b) 所示为水平方向面内响应的翻转信号，该测试通过测量探针的扭转与横向运动来间接获取面内电畴翻转情况[11]。结果表明，面内的电畴分量在外加电场的作用下完成翻转，具体的翻转情况将在后续电畴的调控章节展开叙述。

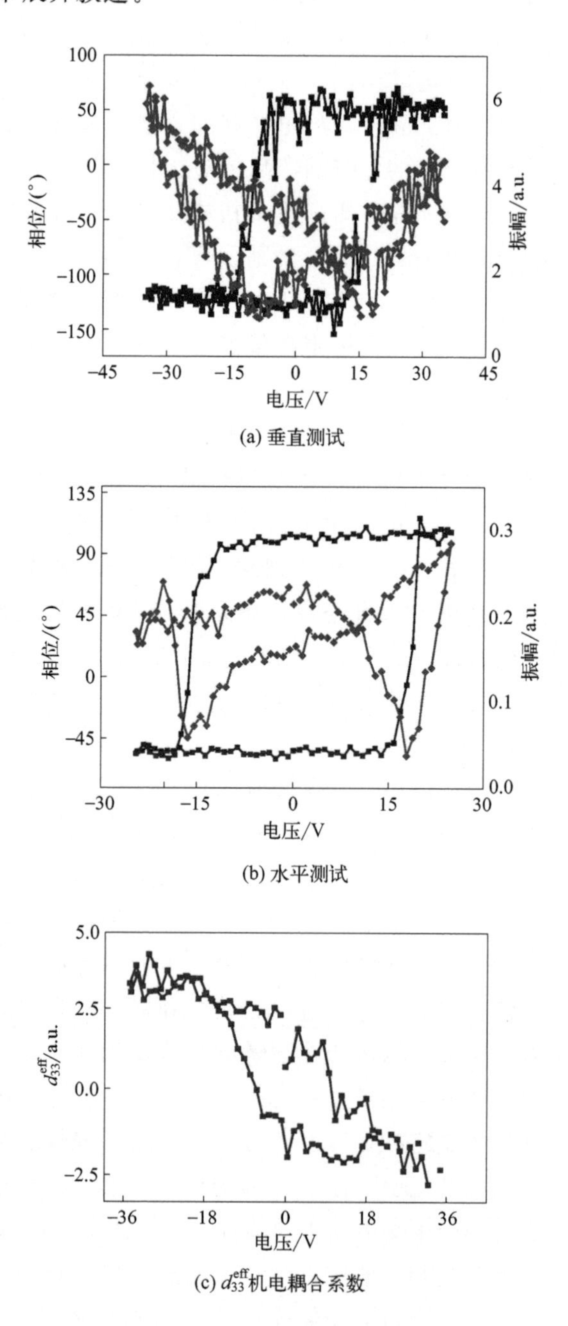

(a) 垂直测试

(b) 水平测试

(c) $d_{33}^{\rm eff}$机电耦合系数

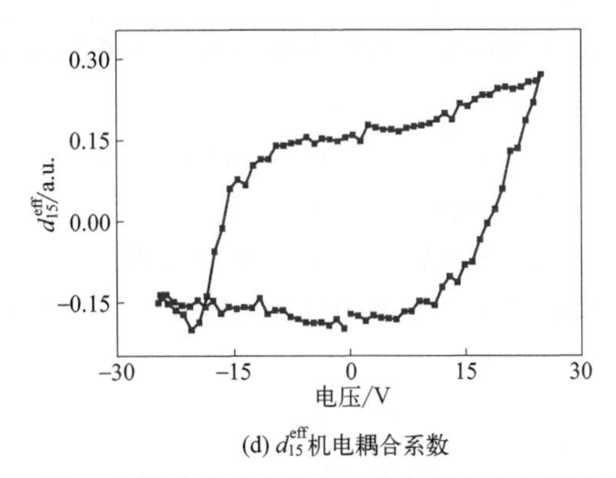

(d) d_{15}^{eff}机电耦合系数

图 4-1　铁酸铋垂直和水平方向耦合响应测试

基于扫描探针测试得到的压电响应曲线，研究者们普遍认为反馈信号大多源于材料本身压电常数 d_{33} 的贡献。然而理论研究和计算表明，水平面内方向的压电常数 d_{15} 贡献也不能忽略。通过有限元仿真和计算发现，压电常数 d_{15} 和 d_{33} 对压电力显微镜成像均有贡献，意味着导电针尖在测试中所激发的横向电场分量对测试结果也有较大影响。

通常利用压电力显微镜测试来定量表征铁电体的纵向压电系数 d_{33}，如式(4-1) 所示：

$$d_{33}^{eff}=\frac{D_z}{V} \tag{4-1}$$

式中，D_z 为压电力显微镜测试获得的压电响应幅值，V 为测试过程中加载到导电探针的激励信号。利用压电力显微镜测试获得的 d_{33} 值通常大于材料本征纵向压电常数 d_{33}，因而利用扫描探针获取测试材料的蝴蝶曲线并计算对应的压电系数时，不能简单地将其与材料本征的压电常数 d_{33} 等同，二者之间的具体关系必须通过模拟计算或解析理论计算进行验证[12]，因此本书中基于探针电压和扫描探针测试获得的压电常数统称为有效压电常数 d_{33}^{eff}，类似地，将测试所得的面内压电常数称为 d_{15}^{eff}，根据在探针激励作用下铁酸铋的压电响应信号可定性计算纵向有效机电耦合响应 d_{33}^{eff} 和横向有效机电耦合响应 d_{15}^{eff}，如图 4-1(c) 和 (d) 所示。

研究表明，在铁电薄膜的畴壁位置，探针与铁电薄膜接触的针尖区域附近均产生沿着水平或者垂直方向的面内压电响应形变，水平面内的响应信号影响探针扫描过程并产生侧向扭转运动，通过光电探测器收集获得了面内的压电响应信号。图 4-2 表征了在制备薄膜的不同区域分别测试得到的面内压电响应和相位翻转曲线，测试过程中设置探针的谐振频率在面内共振峰的附近，通过压电力显微镜针尖加载激励信号，获得相应的面内测试结果。

图 4-2(a) 和 (b) 所示的压电响应测试结果中可以看到在 18.2V 的激励电压作用下，铁酸铋薄膜实现了面内电畴的翻转，且重复性测试结果相对一致，证明了铁酸铋面内铁电特性的一致性，获得的压电响应如图 4-2(c) 所示。

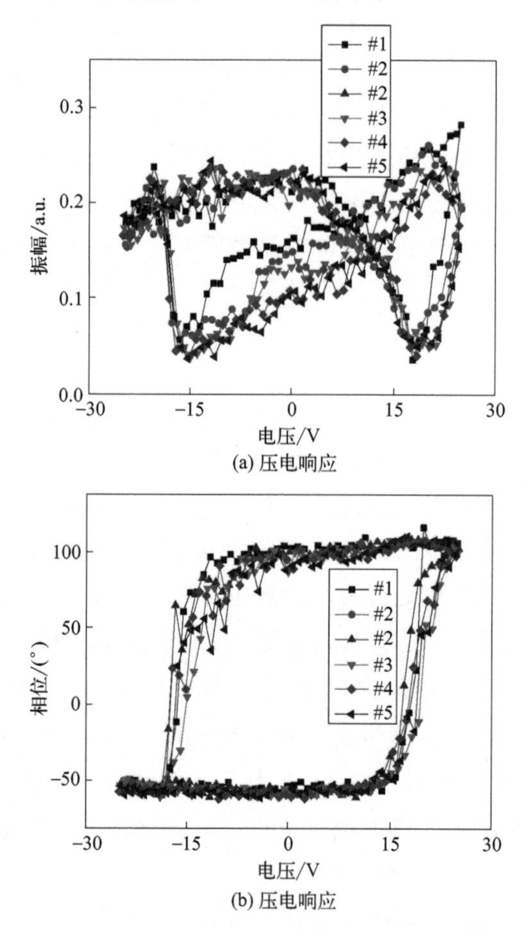

(a) 压电响应

(b) 压电响应

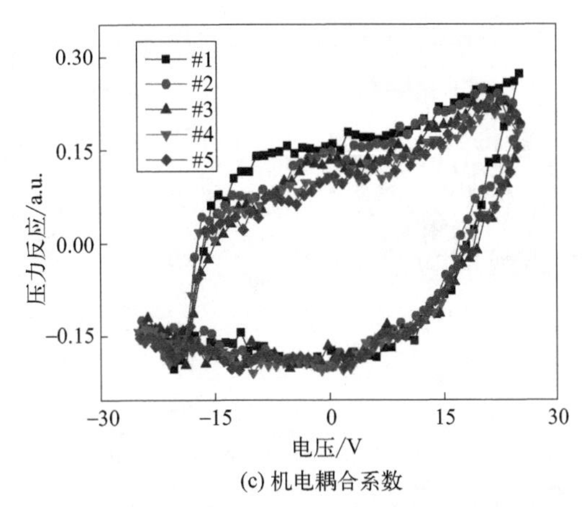

(c) 机电耦合系数

图 4-2　铁酸铋薄膜水平方向机电耦合响应重复性测试

铁酸铋压电响应的温度依赖性测试如图 4-3 所示，在导电探针加载 1V 的交流电压混合高于矫顽电场的直流电压获得响应特性。在图 4-3(a)～(g) 所示的压电响应测试结果中可以看出，不同温度下铁电薄膜均表现出垂直和水平方向的相位翻转和幅值曲线，相位曲线表现出 180°相位差，证实了高温下薄膜稳定的铁电性[13]。

矫顽电压 V_c 的温度依赖性如图 4-3(h) 所示，随着温度的不断升高，电畴翻转所需的阈值电压不断降低。通过测试分析可以看到无论外加偏压和温度如何变化，稳定的电畴翻转特性和铁电性都能够被顺利检测，表明内部电畴结构在温度扰动下具有良好的稳定性，这种优异的电畴稳定特性为铁电体在高温下的传感功能实现提供了可行性[14]。

漏电流的存在对铁电薄膜及器件的可靠性和使用寿命会产生消极影响。在此测试表征了不同温度下铁酸铋薄膜的漏电流特性，如图 4-4 所示。结果表明漏电流在常温下保持在 nA 量级，升高温度至 150℃时，漏电流也表现出逐渐增长的趋势且稳定在 1nA 左右。需要指出的是，降低铁酸铋薄膜中的漏电流也是铁酸铋研究的热点问题，通过化学掺杂和减少空位的产生来改善薄膜的漏电流特性受到了科研工作者的广泛关注[15,16]，而稳定的漏电流响应对铁酸铋薄膜的铁电翻转及电滞回线响应特性产生影响，进而影响电畴调控的可靠性与稳定性。

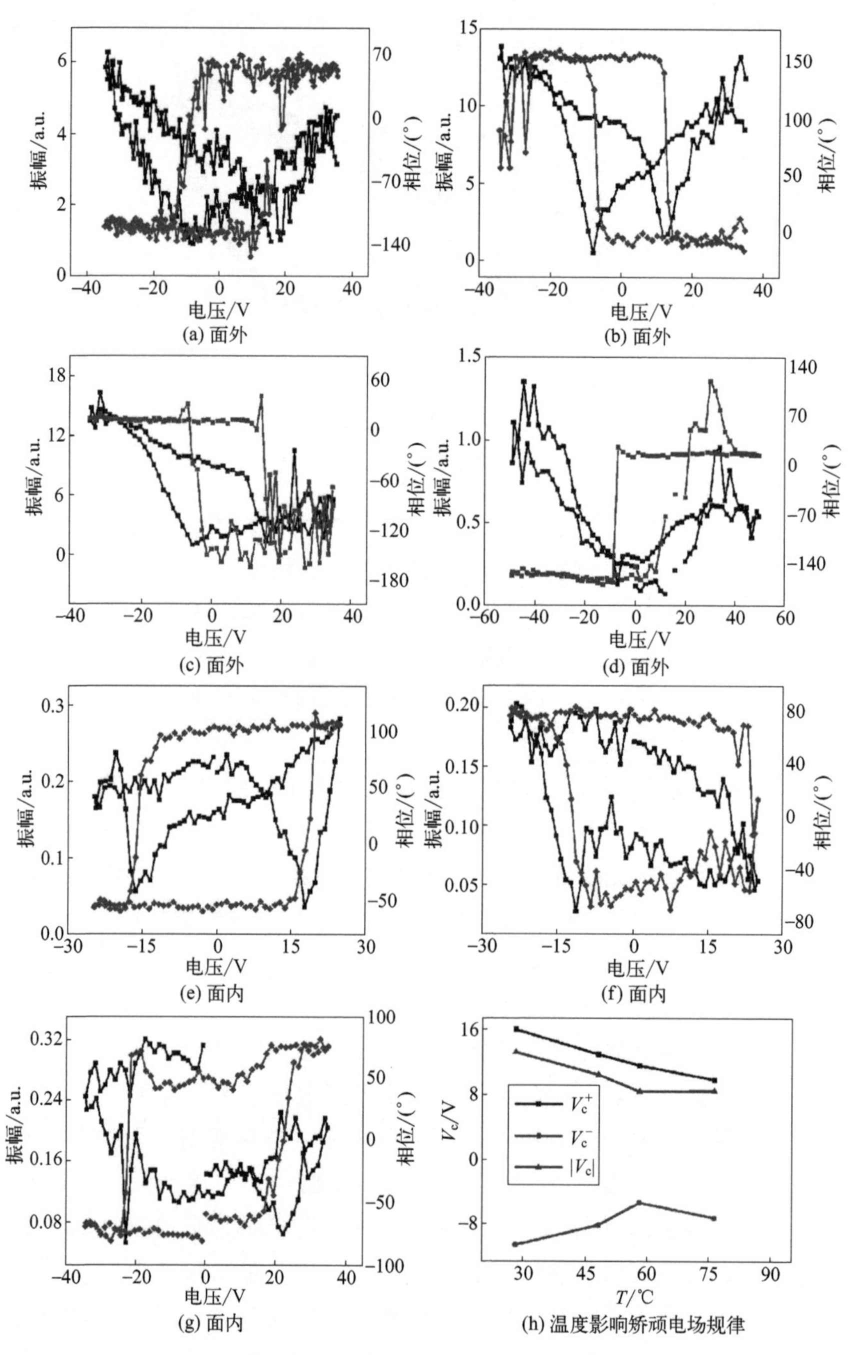

(a) 面外
(b) 面外
(c) 面外
(d) 面外
(e) 面内
(f) 面内
(g) 面内
(h) 温度影响矫顽电场规律

图 4-3　不同温度下机电耦合响应

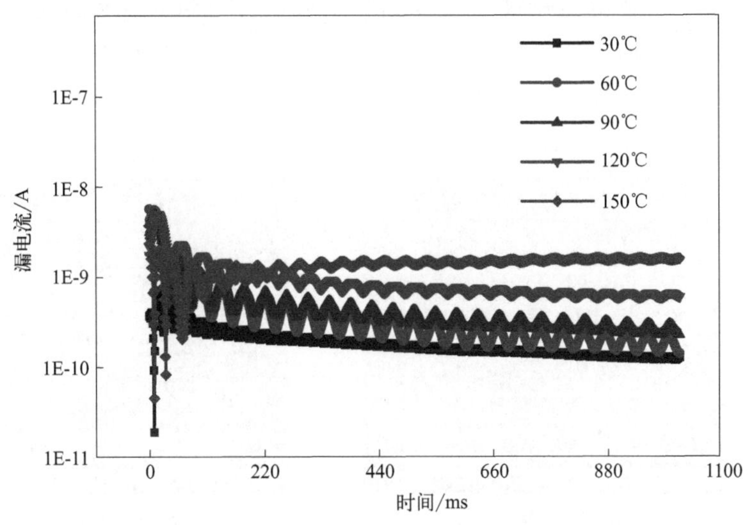

图 4-4　不同温度下铁酸铋薄膜漏电流特性曲线

4.2 铁酸铋铁电薄膜铁电畴调控

4.2.1　铁酸铋铁电薄膜电畴表征

外延铁酸铋薄膜的电畴矢量分布可通过探针悬臂分别沿 [100] 和 [010] 方向扫描获得，如图 4-5 所示，扫描区域 $5\mu m \times 5\mu m$。图 4-5(b) 中的面内相位图像显示向左（白色）和向右（灰色）的极化分量，相反，对应于平面外的电畴结构仅显示单一的对比度。通过扫描样品的不同区域观察到的电畴分量与形貌没有相关性，如图 4-5(b) 和 (c) 所示，通过旋转样品，控制探针按扫描方向分别沿 [100] 和 [010] 方向移动，获得电畴在面内方向的电畴分量。利用压电力显微镜在探针共振状态下获得的垂直面外和水平面内的电畴图像进一步证实了铁酸铋的特殊电畴形态，揭示了铁酸铋薄膜具有明显的面内极化取向这一事实，与先前报道菱方相铁酸铋薄膜一致[17]。综合面内和面外电畴表征得到电畴的极化取向，如图 4-5(d) 与 (h) 所示，箭头方向表示铁酸铋薄膜中四种可能的极化变量（P1～P4）。

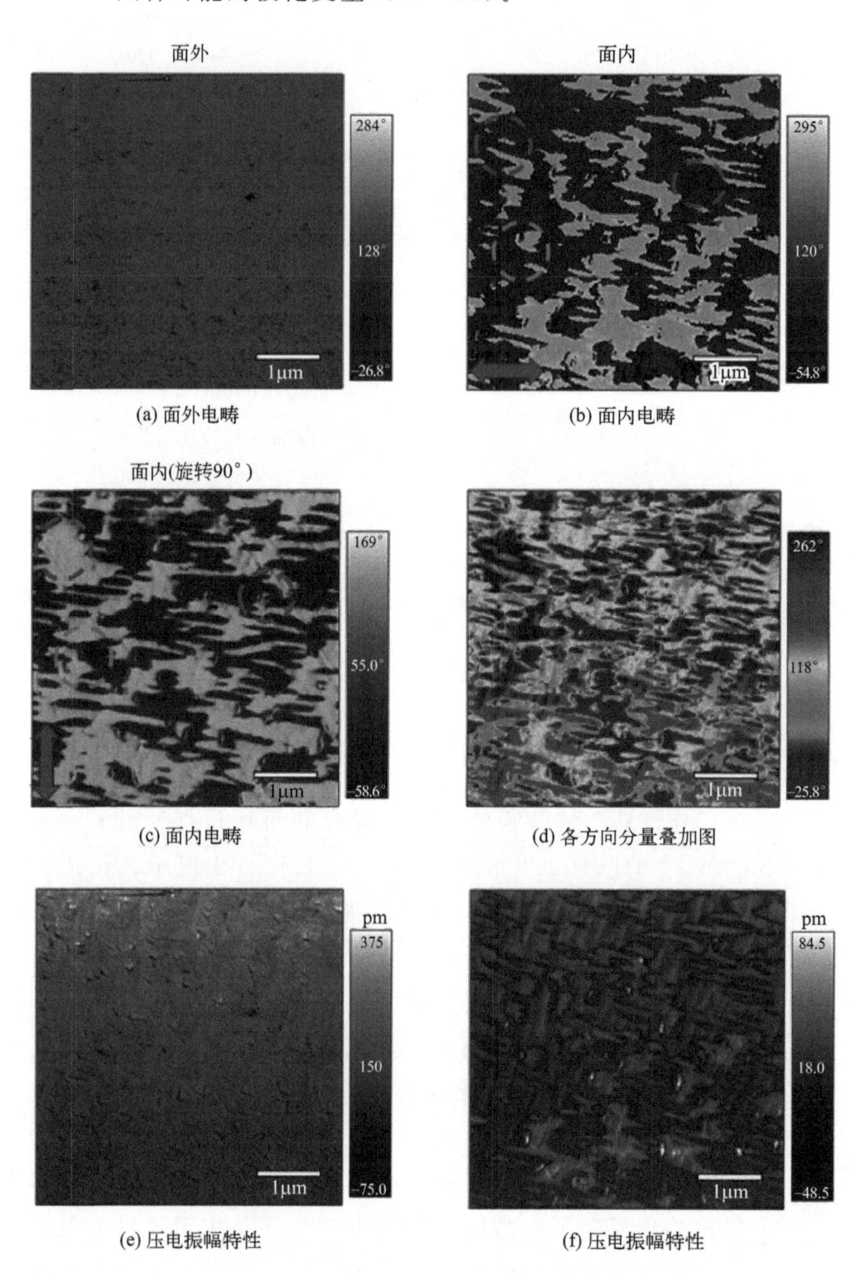

(a) 面外电畴

(b) 面内电畴

(c) 面内电畴

(d) 各方向分量叠加图

(e) 压电振幅特性

(f) 压电振幅特性

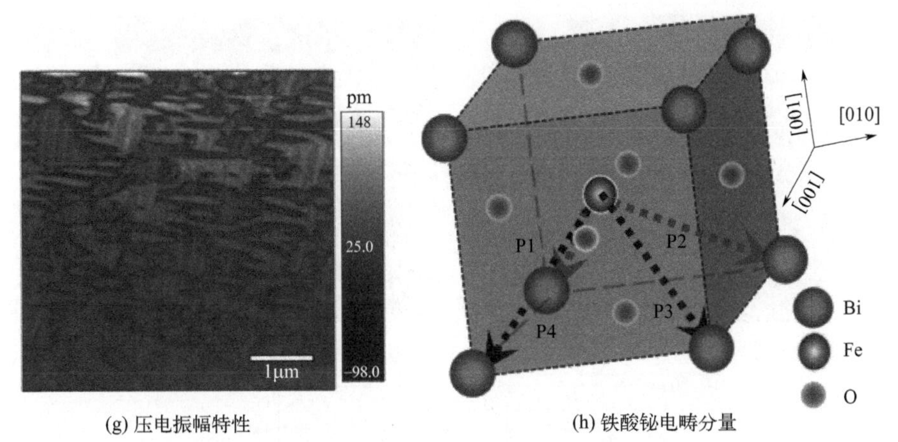

(g) 压电振幅特性　　(h) 铁酸铋电畴分量

图 4-5　外延薄膜电畴相位和振幅（初始生长状态）

为了避免铁酸铋薄膜的原生电畴测试的偶然性，对其余不同区域电畴分布进行重复性测试结果如图 4-6 所示，在 5μm×5μm 区域进行电畴表征，其中面内图像显示出明显的对比，如图 4-6(a)、(b) 和 (e) 所示，畴壁可以明显地从相位对比看到，且畴壁处的压电响应幅度几乎为零，相反，如图 4-6(c)、(d) 和 (f) 所示，面外电畴显示出单一的极化方向和均匀的压电响应幅值。截面线相位数据分析表明面内的相位差为 180°，面外为单一的对比度，证实了铁酸铋面内电畴极化分量取向相反。

环境温度对电畴的动力学过程产生一定的影响，图 4-7 展示了铁酸铋电畴对温度的依赖性。测试从室温到 155℃范围内

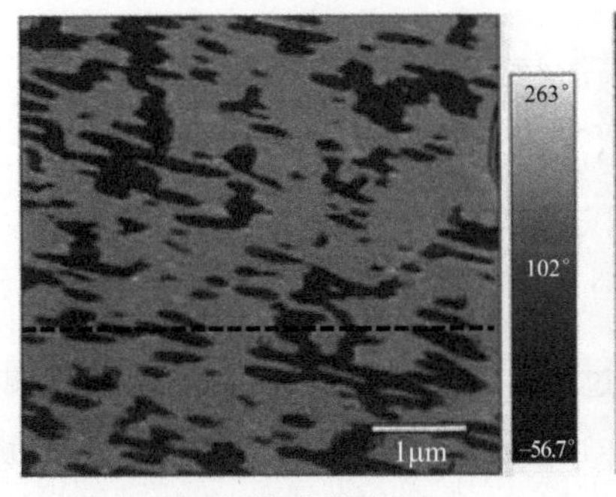

(a) 铁酸铋薄膜初始电畴状态

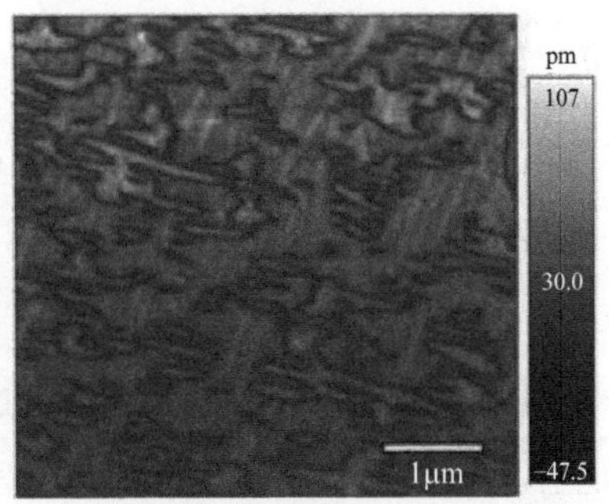

(b) 铁酸铋薄膜初始电畴状态

图 4-6

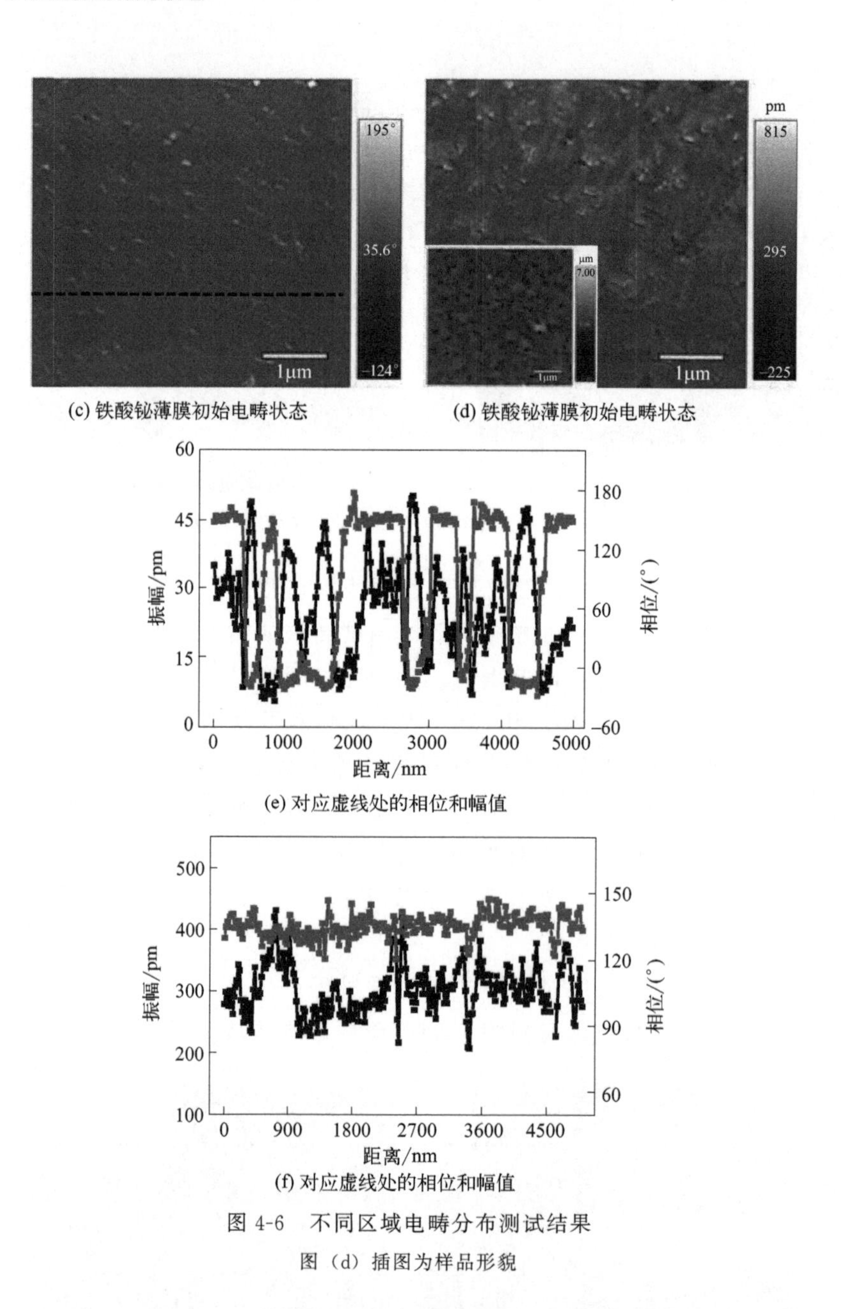

(c) 铁酸铋薄膜初始电畴状态

(d) 铁酸铋薄膜初始电畴状态

(e) 对应虚线处的相位和幅值

(f) 对应虚线处的相位和幅值

图 4-6　不同区域电畴分布测试结果

图（d）插图为样品形貌

的面外面内电畴响应，通过固定的激励信号获取面内外电畴在不同温度下的响应。温度因素是影响铁电器件稳定性的关键指标。为了排除该测试系统中的热漂移，所有测试均在热平衡的状态下进行测试，并保持恒温条件 2h 以减小误差。

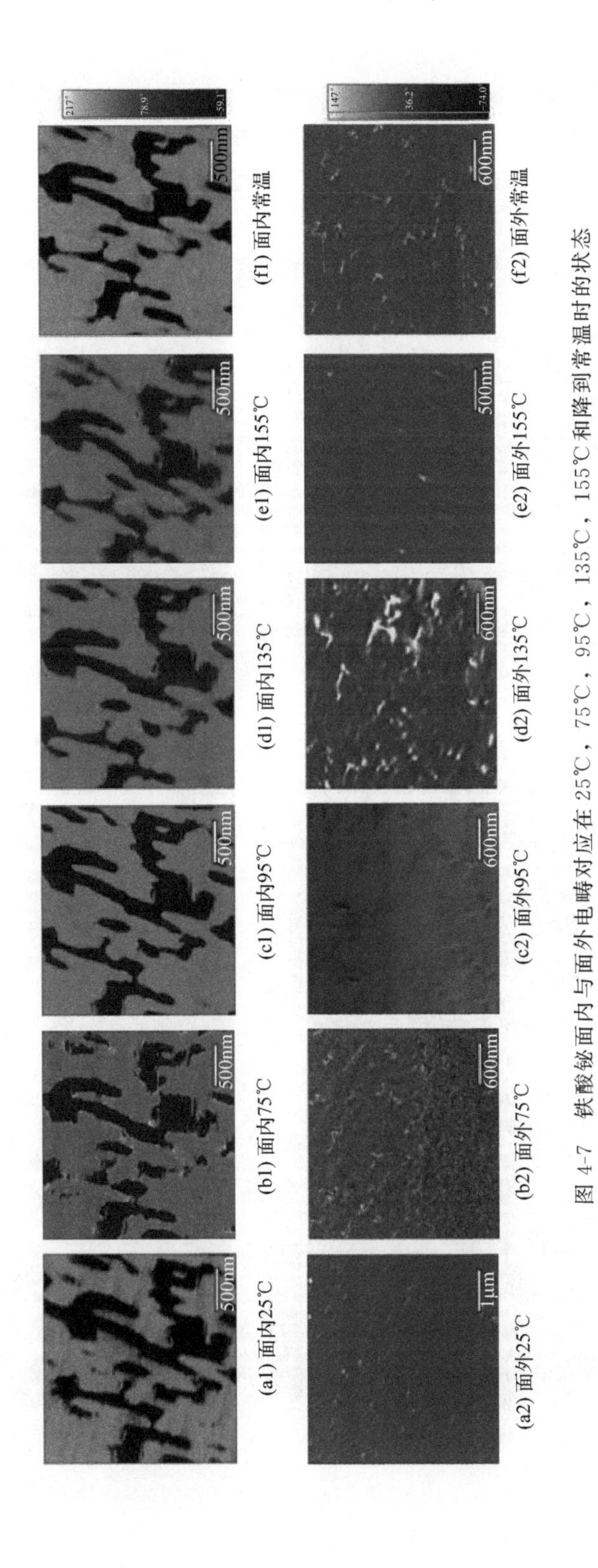

图 4-7　铁酸铋面内与面外电畴对应在 25℃，75℃，95℃，135℃，155℃和降到常温时的状态

随着温度从室温逐渐增加至155℃，然后再降回室温，面外和面内铁电极化状态均保持稳定，几乎没有变化。稳定有序的电畴状态印证了铁酸铋薄膜优异的铁电特性，这与朗道自由能理论中的最小化稳定状态密不可分[18]。此外，在降温冷却测试中，形貌和相位也未受到温度的影响，如图4-8所示。

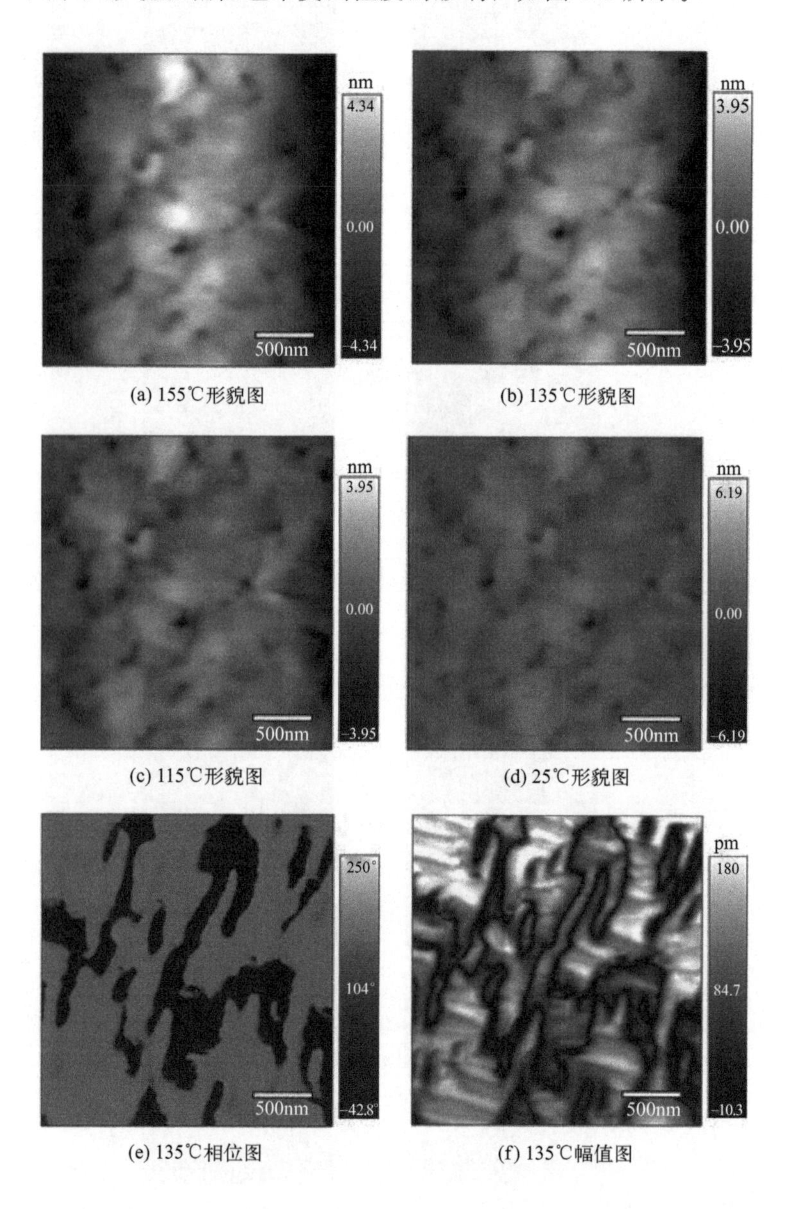

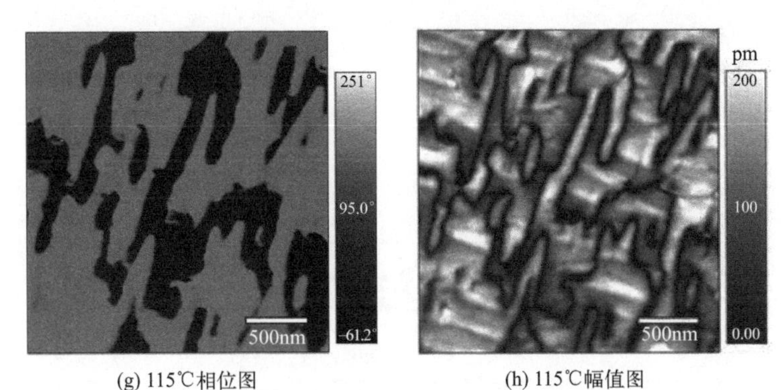

(g) 115℃相位图　　(h) 115℃幅值图

图 4-8　降温过程中薄膜形貌相位图

在导电基底上生长的铁酸铋薄膜原始形貌和矢量电畴如图 4-9 所示，水平面内和垂直面外方向的电畴分量都使用同一个探针施加相同的力进行表征，以排除探针对薄膜电畴的影响[5,14,19]。如图 4-9(a)～(f) 所示，电畴在垂直方向上表现出较多的向下分量和较少的向上分量，同时存在相反的面内极化分量，需要注意的是，原始电畴结构与晶体结构密切相关，满

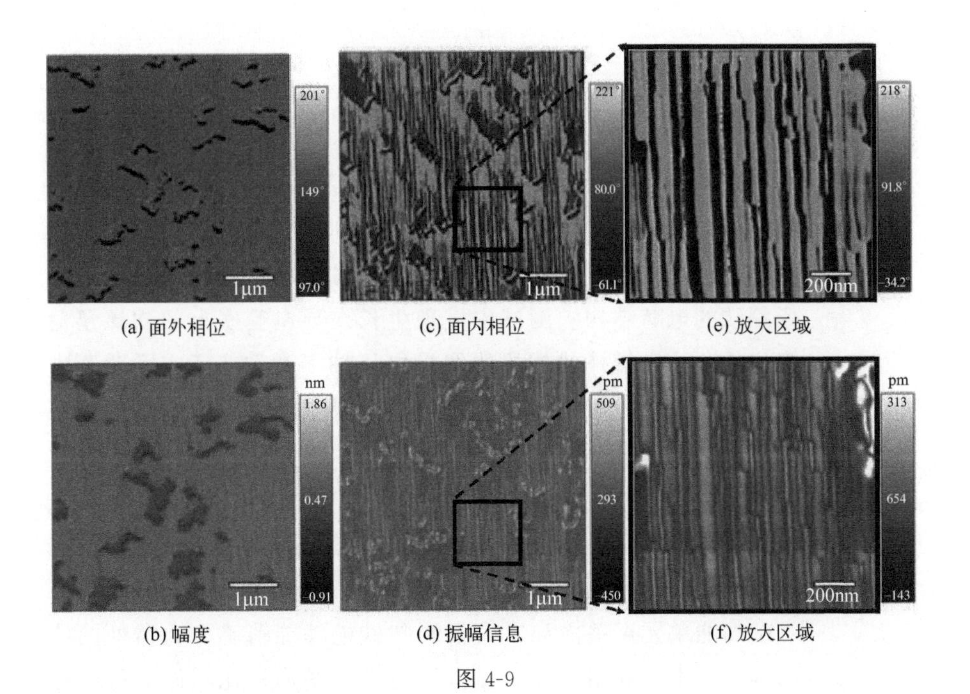

(a) 面外相位　　(c) 面内相位　　(e) 放大区域

(b) 幅度　　(d) 振幅信息　　(f) 放大区域

图 4-9

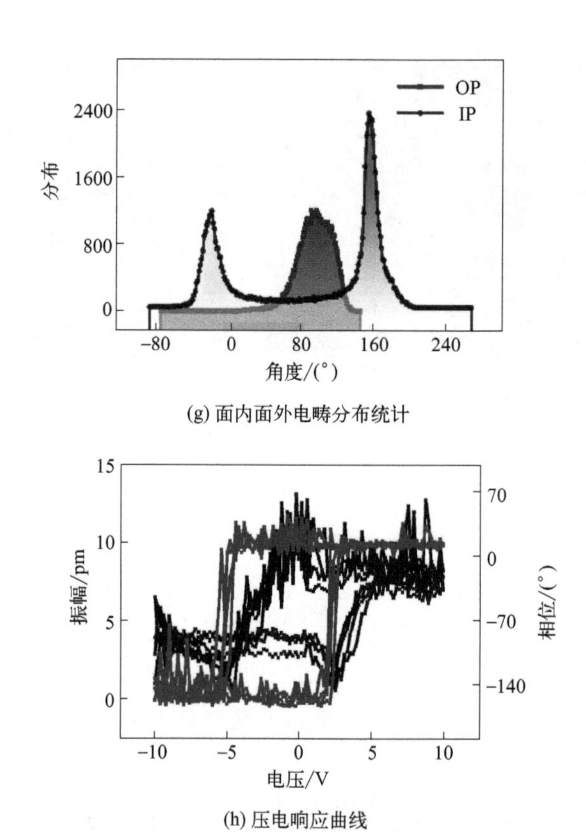

(g) 面内面外电畴分布统计

(h) 压电响应曲线

图 4-9　导电基底上铁酸铋薄膜初始极化状态

足稳定的能量边界条件[20]，同时，薄膜的铁电特性通过施加+10V的偏置电压得到证实，测试得到了所选局部区域的相位和压电振幅特性，可以看到明显的相位翻转特征，证实随外电场翻转的电畴结构。测试中发现生长在导电基底上的铁酸铋薄膜相位曲线和蝴蝶状振幅曲线沿电压轴不对称，证实了薄膜内部存在向下的内建电场，内建电场形成主要与铁酸铋和电极接触界面的肖特基势垒有关[21]。

4.2.2 外场作用下铁酸铋电畴精准调控

铁电薄膜的电畴翻转及稳定保持特性，对于铁电薄膜用作基础功能单元至关重要，直接影响铁电功能薄膜作为器件的使用寿命。本节利用压电力显微镜自带的图形极化功能进行铁酸铋薄膜的电畴翻转测试，系统研究铁酸铋薄膜在外加电场作用下电畴响应规律，分析不同角度电畴翻转所需的能量关系，并探索外部高温环境加载过程中的稳定性。

利用针尖电场探索铁酸铋薄膜的电畴翻转特性如图 4-10 所示，包括垂直面外和水平面内方向的电畴翻转分析。本实验通过扫描探针动态反馈的光路信号成像系统表征局部电畴翻转行为，通过样品旋转 90°并进行原位扫描，得到初始状态的电畴如图 4-10(a)、(b) 所示，面外垂直方向为单一分量，水平面内方向为两个相反的极化分量。极化完成后在不同旋转角度下进行原位扫描测试，如图 4-10(c)～(f) 所示。为方便起见，假设原始极化矢量指向 P1，考虑图 4-10(c) 和 (e) 中虚线圆圈区域的面内动态，可以得到对应的翻转指向为 P1 到 P2，而三角形区域的极化分量分布对应的翻转区域指向为 P1 到 P3。相应的电畴极化取向可以定义为 71°和 109°翻转，与先前报道的结果一致[22]。

菱方相铁酸铋薄膜的 71°电畴翻转比 109°和 180°翻转路径更容易，根据理论预测与实验可知 71°翻转引起的应力（或弹性）能量和局部电荷迁移较小[23,24]。图 4-10(d) 和 (f) 为旋转前后对应的形貌特征，通过形貌特征的特殊斑点保证旋转前后扫描位置相同，其中箭头代表了探针不同的快扫描方向。

为了进一步探索极化电场对铁酸铋表面电势的影响以及极化翻转与表面电荷分布之间的关系，使用扫描开尔文探针显微镜（SKPM）分析选定电畴翻转区域（与之前 PFM 极化区域相同），结果表明薄膜表面电荷的存在对电畴翻转有直接的关系[25]。在铁酸铋极化实验中，电畴翻转通过特定图像导入软件并利用压电力显微镜在针尖施加相反极性的电压实现，即在 $5\mu m \times 5\mu m$ 区域上施加＋20V 的直流电压，而在内部 $3\mu m \times 3\mu m$ 区域施加－20V 的极化偏压，在极化完成后，立即原位扫描形貌、电荷分布以及相位和幅度。

采用扫描开尔文探针显微模式对 $7\mu m \times 7\mu m$ 区域内的电荷分布进行成像，图 4-11(a) 显示极化区域与未极化初始状态相

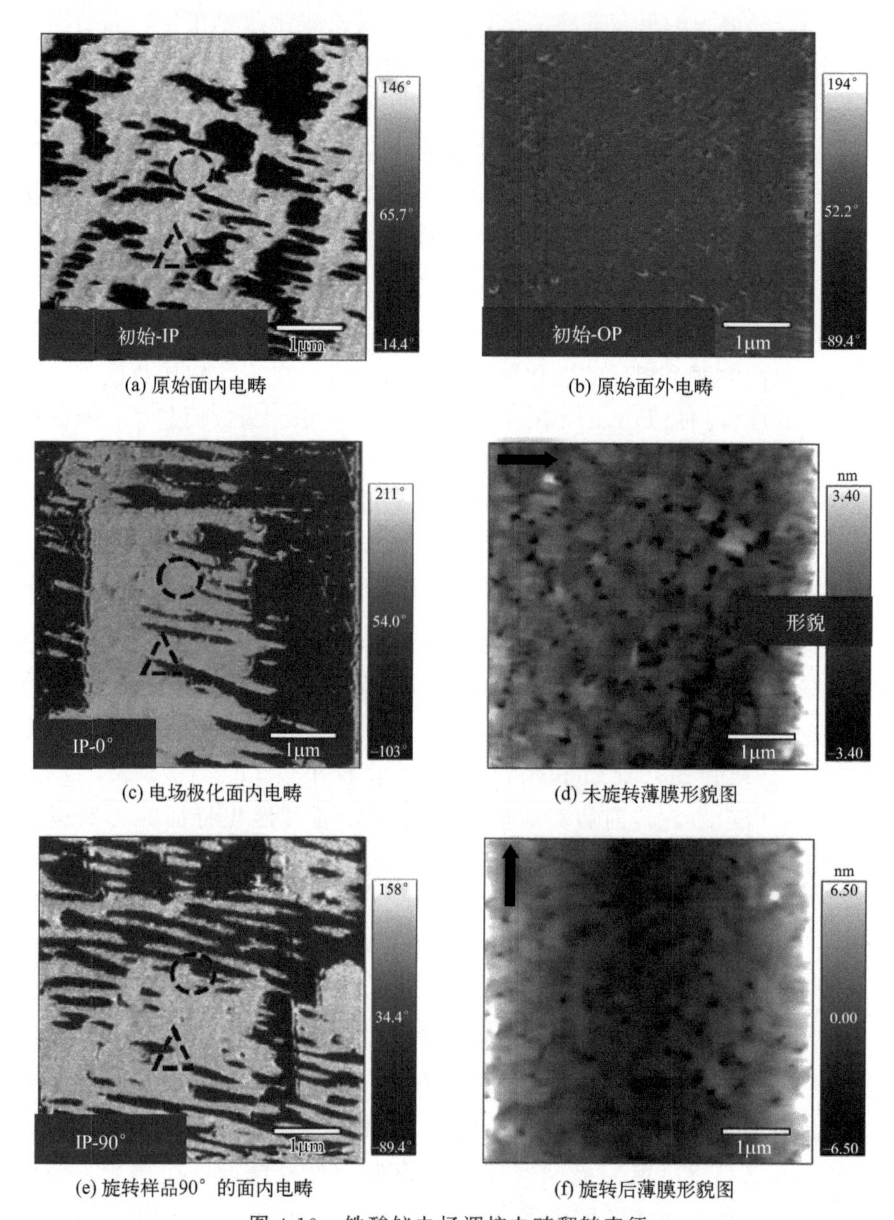

(a) 原始面内电畴　(b) 原始面外电畴

(c) 电场极化面内电畴　(d) 未旋转薄膜形貌图

(e) 旋转样品90°的面内电畴　(f) 旋转后薄膜形貌图

图 4-10　铁酸铋电场调控电畴翻转表征

比具有明显的表面电势对比，这可能来自于极化过程中的电荷注入。图 4-11(b) 中的相位图像表明面内电畴在极化完成后的电畴分量指向相反，插图显示的是对应畴壁位置的压电振幅信息，同时图（c）所示的面外电畴仍然保持原始状态，几乎没有变化，图（d）～(h）相应的截面线数据分析也与之前分析的电畴翻转动态相吻合。

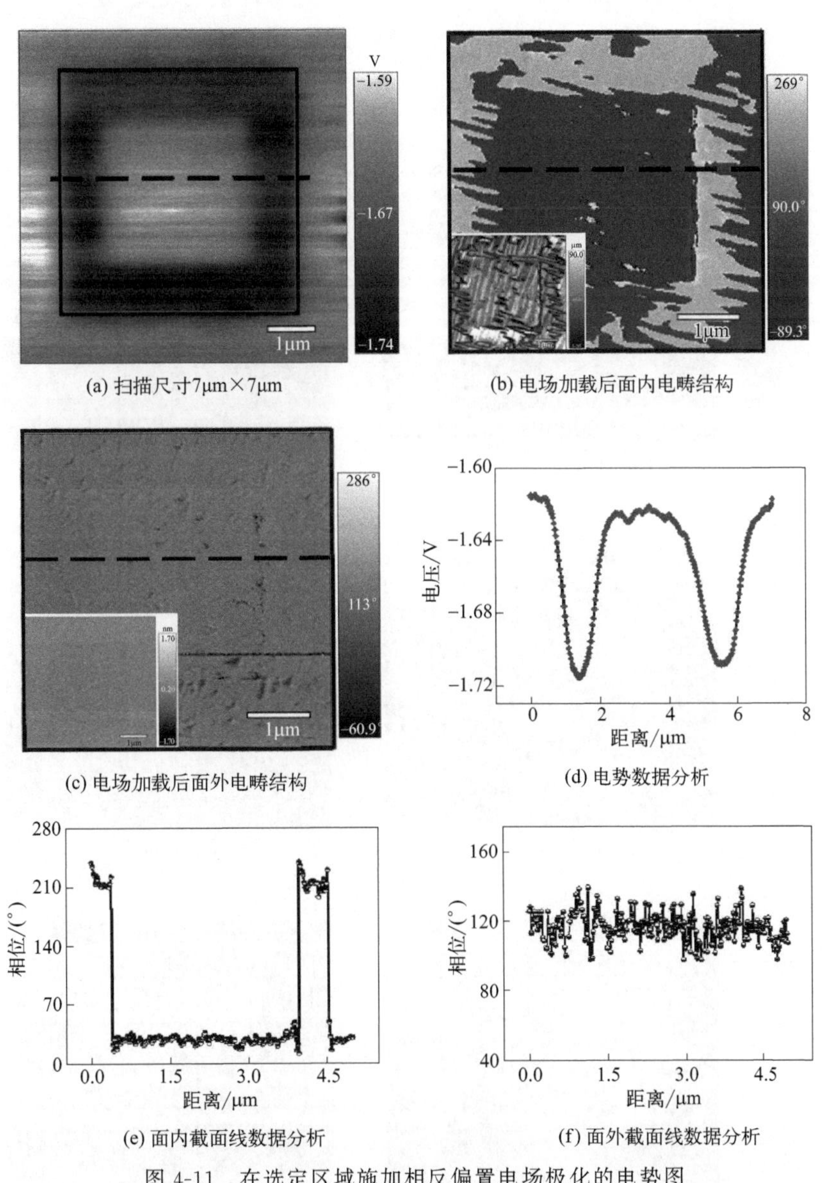

图 4-11　在选定区域施加相反偏置电场极化的电势图

图（b）和图（c）插图代表测试对应的压电振幅图

电畴翻转的稳定性对于铁电器件的实际应用非常重要，特别是在高温和长期连续工作条件等恶劣环境中。图 4-12 和图 4-13 分别显示了在高达 155℃的温度下和长时间保持下电畴翻转的稳定性，通过优化极化条件获得超稳定的电畴状态，在水平方向对应的电畴分量能够与原始写入状态保持相同。

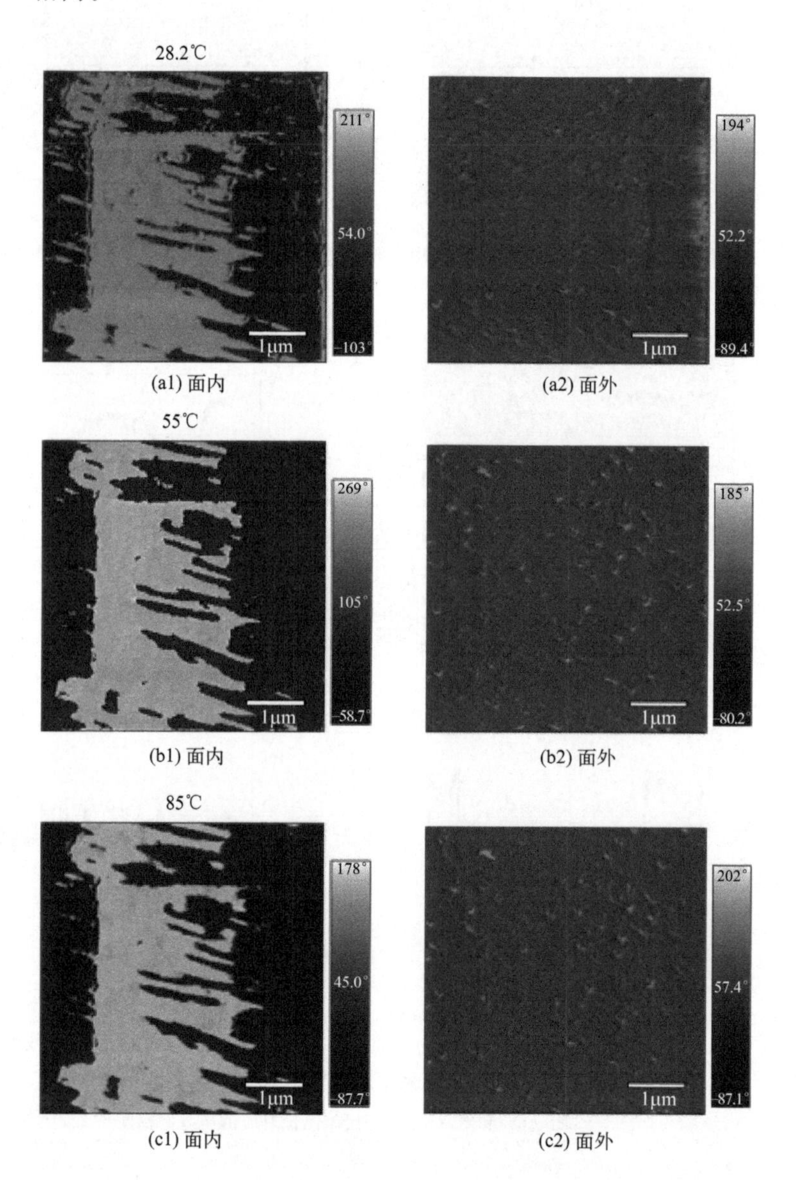

(a1) 面内　(a2) 面外

(b1) 面内　(b2) 面外

(c1) 面内　(c2) 面外

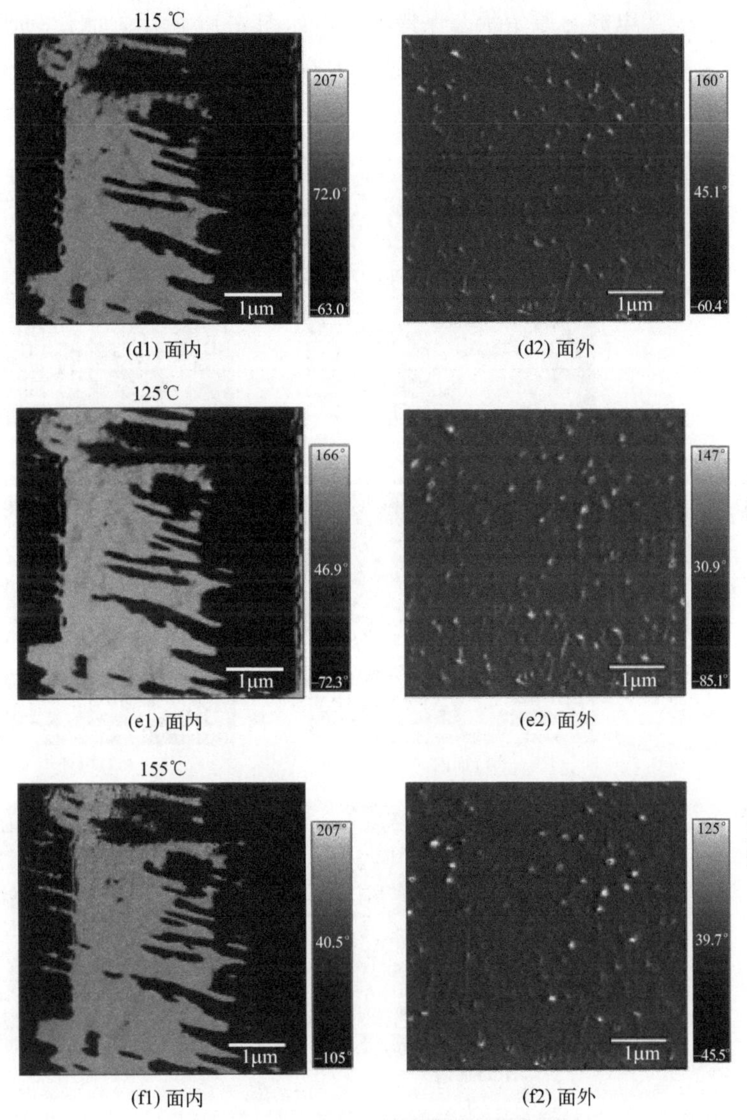

(d1) 面内 (d2) 面外

(e1) 面内 (e2) 面外

(f1) 面内 (f2) 面外

图 4-12 极化后的电畴温度稳定性测试

注意到某些区域与初始状态相比并无明显变化，这可能是部分区域电畴钉扎导致该部分电畴不易实现翻转[26,27]。相反，面外电畴翻转朝着一个方向（始终指向初始状态），表明新的翻转电畴在该测试环境下相当稳定。除了温度稳定性外，面内翻转电畴的时间稳定性也得到了提高，并持续了 4d 以上，而面外电畴与原始状态保持不变，如图 4-13 所示，测试表明：在高温下稳定保持的电畴翻转为铁电传感器件的设计带来了广阔的前景。

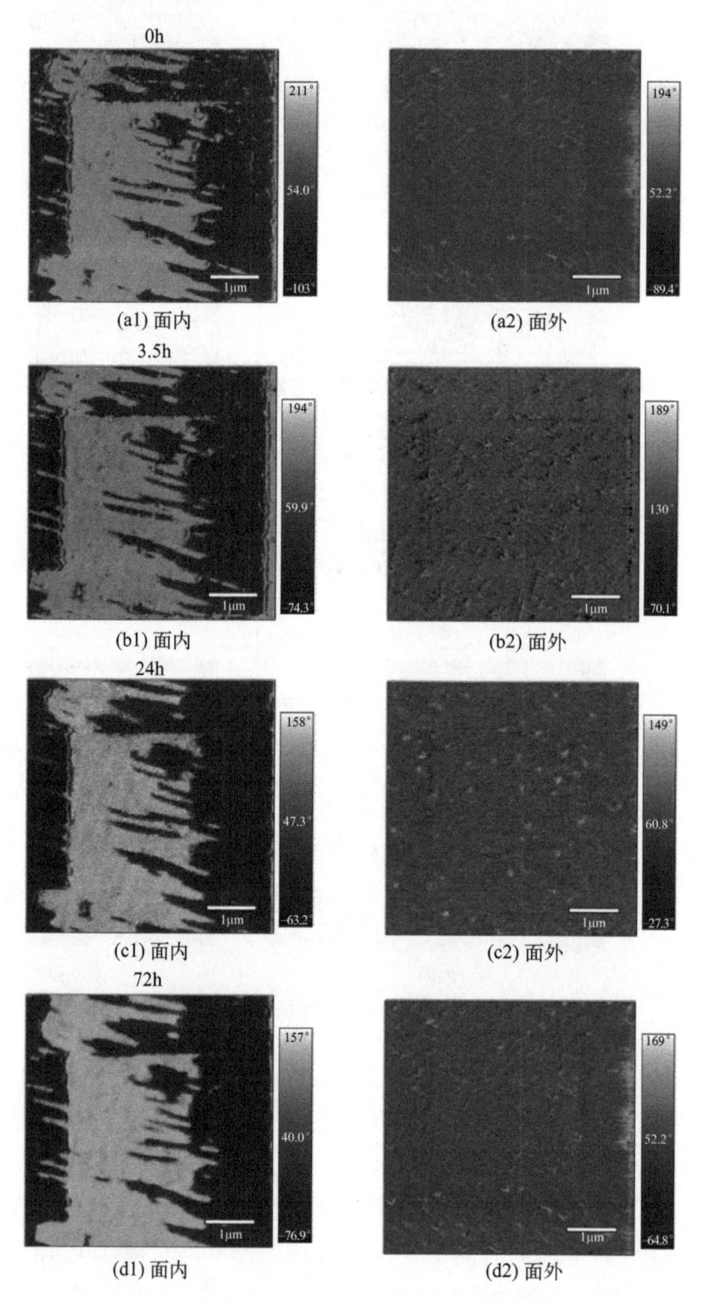

(a1) 面内　(a2) 面外

(b1) 面内　(b2) 面外

(c1) 面内　(c2) 面外

(d1) 面内　(d2) 面外

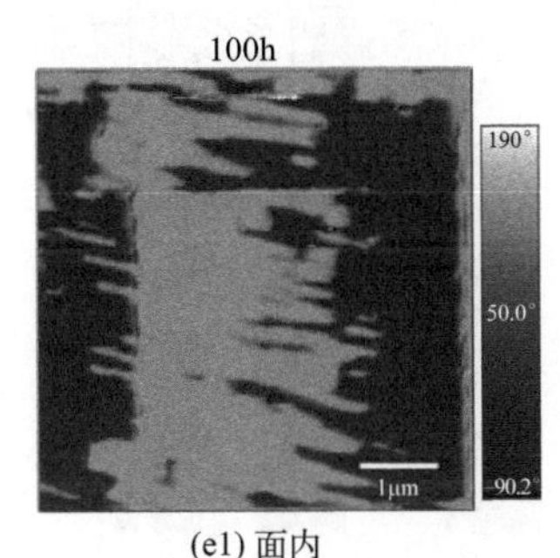

(e1) 面内

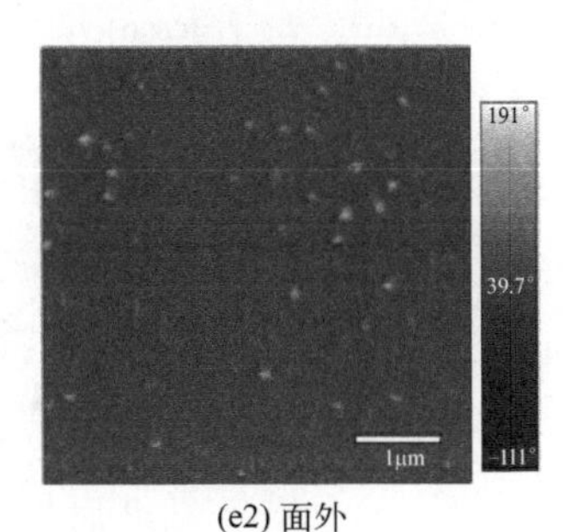

(e2) 面外

图 4-13　翻转区域电畴的保持特性测试

面内电畴（a1）～（e1），面外电畴（a2）～（e2）

极化调控电畴翻转的稳定性定量分析如图 4-14 所示，电畴分量在不同温度［图（a）］和长时间［图（b）］状态下保持稳定，当温度从 28.5℃上升到 155℃时，翻转区域中朝左取向电畴的比例变化很小，且翻转电畴能够保持 100h 左右，朝左取向的电畴比例在 49.68%～58.55%之间。在疲劳测试条件下，择优取向的电畴比例几乎保持不变。局部交替的正负极化电场导致明显的电畴翻转，根据能量最小化理论，71°电畴翻转调控相对于其他翻转角度所需的能量势垒更低。所有结果表明，基于压电力显微镜技术对铁酸铋薄膜电畴进行调控，可以实现稳定高效的电畴翻转且在高温下可以保持稳定，这对于在恶劣条件下应用的铁电器件具有重要的指导意义[28,29]。

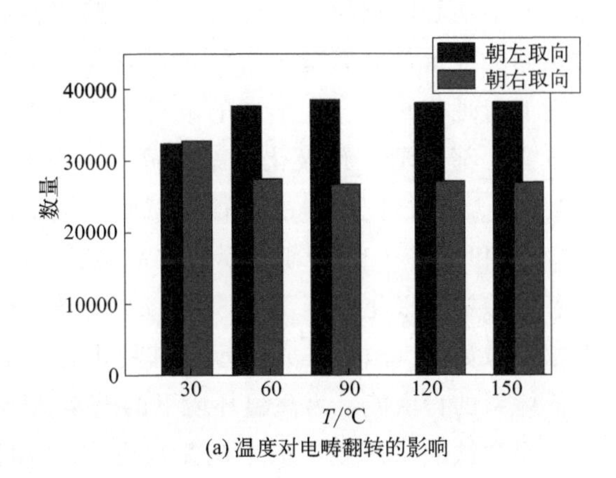

(a) 温度对电畴翻转的影响

图 4-14

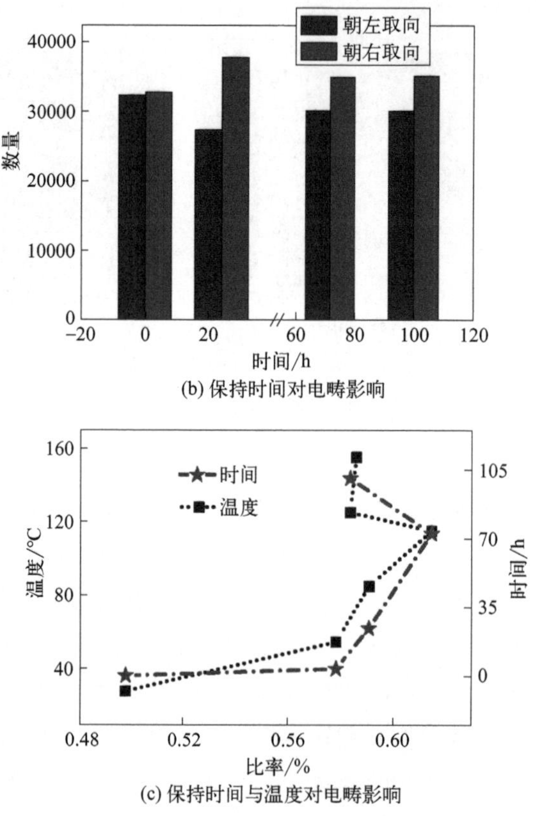

(b) 保持时间对电畴影响

(c) 保持时间与温度对电畴影响

图 4-14　温度和保持时间对电畴翻转影响分析

使用预先定义的方形图案极化导电基底上生长的铁酸铋薄膜得到电畴翻转响应，外部电场为电畴成核和贯穿厚度方向提供足够的能量，只有超过矫顽电场才能促使电畴完成翻转，与朗道能量理论一致[8]。形成的电畴结构在垂直面外和水平面内的方向上都显示与预极化图案的高度一致性，如图 4-15(a)和(b) 所示。通过旋转样品获得在三维方向的矢量电畴分布，分图 (c) 和分图 (d) 分别显示了样品旋转 90°后的相位分布，预示着铁酸铋在极化电压下完成了 180°电畴翻转[5]，相应的压电振幅图像如图 (e)～(h) 所示，其稳定存在的 180°畴壁有利于降低体系的自由能，为高温环境下的电畴稳定存在奠定基础。

通常铁酸铋薄膜中的电畴翻转是铁电和铁弹性翻转组合，微观上，电畴稳定性与所处有效屏蔽状态息息相关。随着温度

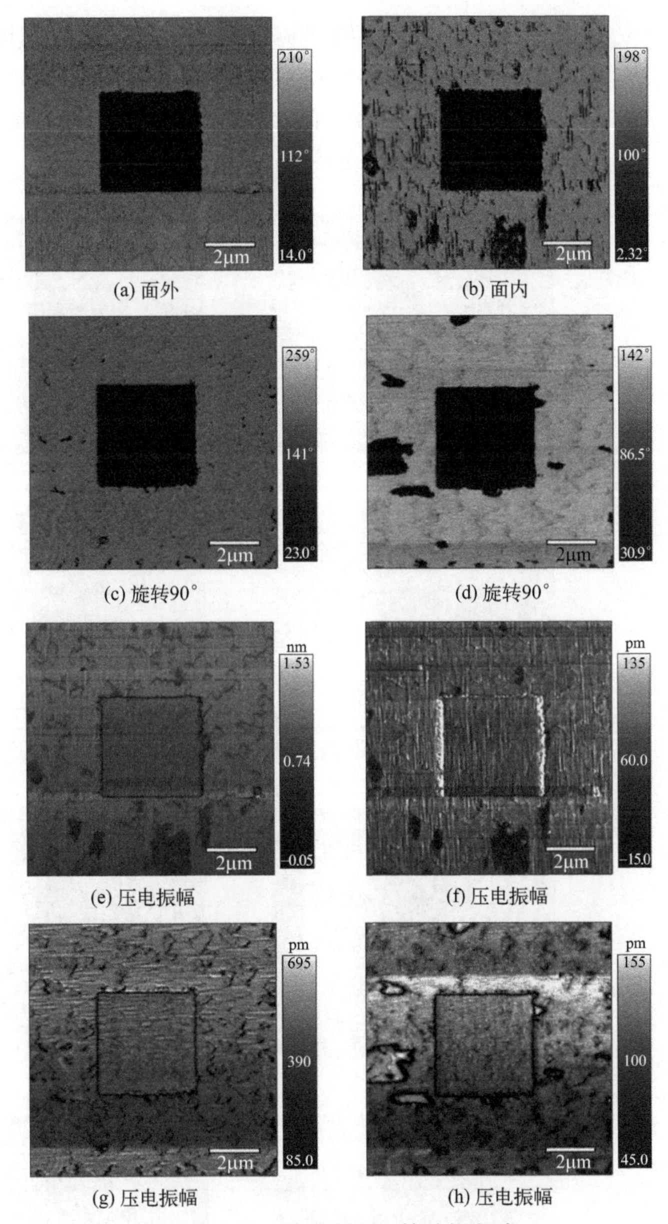

(a) 面外　(b) 面内

(c) 旋转90°　(d) 旋转90°

(e) 压电振幅　(f) 压电振幅

(g) 压电振幅　(h) 压电振幅

图 4-15　导电基底上铁酸铋电畴

的变化，去极化场和屏蔽电场之间的平衡被打破，从而导致不同的电畴热稳定性。研究表明，经过针尖极化调控的电畴翻转即使在 104.4℃的高温下也能稳定保持，如图 4-16 所示，电畴翻转区域未发生明显的退极化现象，畴壁的位置清晰可见且畴壁处的压电响应值很小，与前述研究相吻合。强大的电畴翻转是扫描过程中针尖的强极化电场和有效屏蔽共同作用的结果，相应的压电振幅图像如图 4-16(f)～(j) 所示。

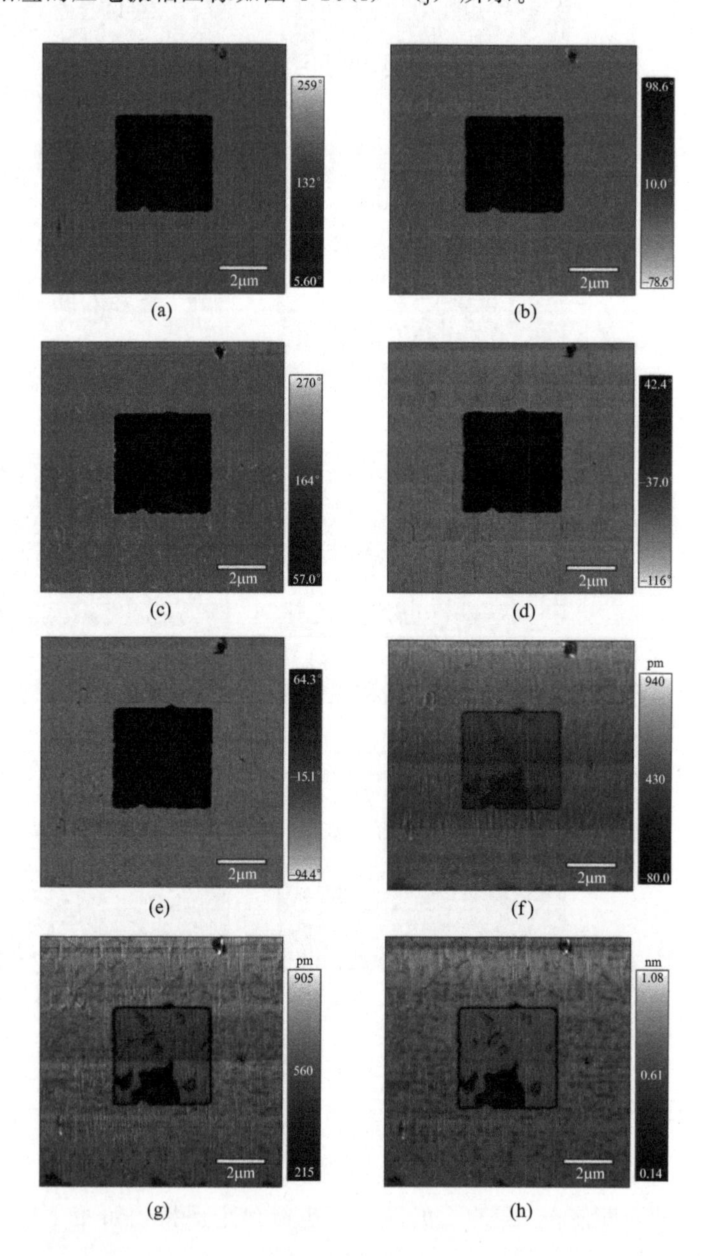

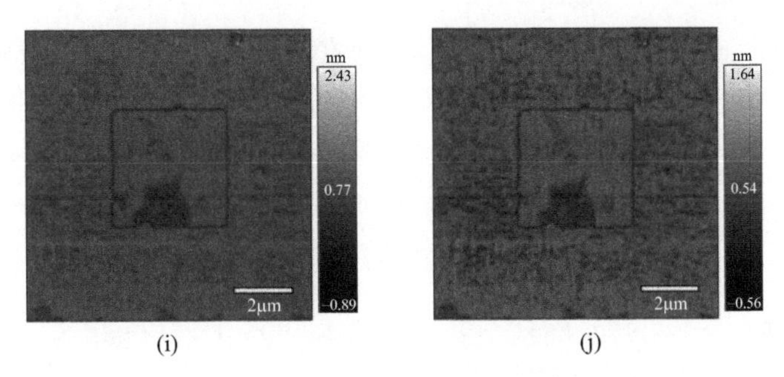

(i)　　　　　　　　(j)

图 4-16　翻转电畴的温度稳定性

对应于 25.4℃，45.4℃，65.4℃，85.4℃ 和 105.4℃的电畴状态 (a)～(e)，相应的压电振幅为 (f)～(j)

铁电薄膜电畴稳态由晶格内部总自由能的最小状态决定，畴壁（DW）的存在减小了静电能从而使晶体结构趋于稳定，最终电畴翻转的动力学过程取决于畴壁能量、弹性应变和电畴尺寸之间的一系列竞争[30]。一方面，铁酸铋的压电特性可能会产生额外的应力，然而，基于压电力显微镜测试系统量化这种应力影响有些困难，此外，在扫描和极化过程中，施加在样品表面的力被控制得很小，因此本实验忽略了这种影响；另一方面，铁酸铋薄膜结构在本实验中可以被视为半导体，并且由于空位的存在形成内建电场[29]。低于阈值的激励电场不足以使电畴运动，面内电畴翻转是极化电场的横向分量和体系自由能竞争的结果。因此，在外延薄膜上通过针尖施加电场，获得了稳定的面内电畴翻转（面外电畴取向不变），同时在导电基底上生长的薄膜由于垂直方向的电场偏置，导致 180°的电畴翻转。这些研究为铁电薄膜纳米级电畴精确调控和研发高温环境应用的器件提供科学依据和指导意义。

综上，基于压电力显微镜针尖极化及分析可以看出，非导电基底上生长的铁酸铋薄膜通过极化工艺优化（由宏观电极到纳米尺度下的针尖极化）实现了稳定的面内电畴翻转，翻转动力主要是来自于针尖加载引起的电场分量，由于缺少底电极材料，因此在面外方向上电畴保持不转向，与初始方向保持相同取向；而在导电基底上生长的铁酸铋薄膜，由于上下电极的贯通极化分布，在面内和面外均实现了稳定的电畴翻转，且通过旋转样品表明，翻转电畴区域形成了180°畴壁。通过这种极化方式获得高效稳定的电畴调控，且翻转区域在高温下具有良好的保持特性，为基于畴壁单元的电子器件在高温领域的应用奠定基础。

4.3 单晶铌酸锂铁电薄膜压电性表征

铌酸锂（$LiNbO_3$，LN）具有优异的声-光以及铁电特性，是微电子器件领域的优势材料[31]。电畴翻转与调控一直是铌酸锂研究中的重要课题。最近几年，离子切片技术制备铌酸锂薄膜的电畴翻转引起了人们持续关注[32,33]，在大规模集成电路的发展中，电畴精确调控是实现畴壁结构稳定调控的关键步骤，单晶薄膜应用到铁电器件的关键挑战在于稳定而精准的电畴调控。铌酸锂铁电单晶薄膜在电子器件领域具有重要的应用前景，目前被广泛应用于声学、光学及传感器件等研究。在前述研究基础上，利用相似的测试手段，系统分析基于可控剥离技术获得的铌酸锂薄膜的压电性及铁电特性。实验加载到针尖的激励波形如图4-17所示，在脉冲阶段实现电畴的翻转，在撤去脉冲的瞬间进行信号读取。

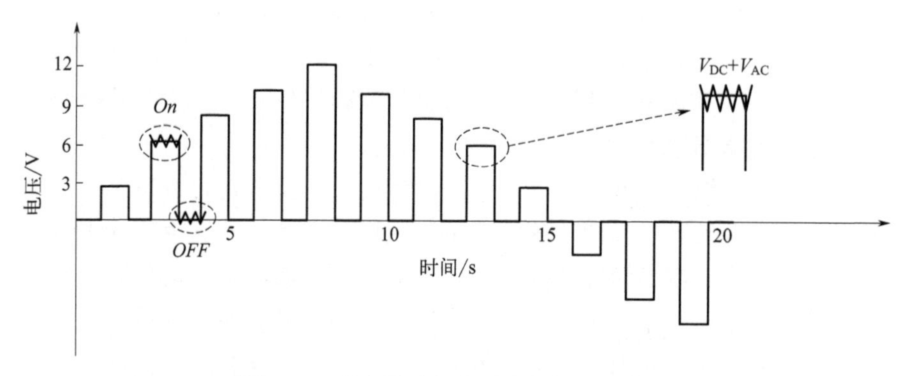

图4-17　单点测试加载到针尖的电压波形

所制备的铁电单晶铌酸锂薄膜具有良好的电畴翻转相位曲线以及振幅响应特性，如图 4-18 所示，翻转的阈值电压通常对应于材料的矫顽电场，可以看到正向矫顽电场 V_{c+} 远大于负向矫顽电场 V_{c-}，表明在负向激励电压加载下电畴更容易翻转到与初始极化相反的方向，如图 4-18 所示，铌酸锂薄膜的电畴在 50V 的外部偏压下可以很容易地翻转，蝴蝶形曲线结合相位翻转揭示了薄膜中的铁电状态，同时能够看到电滞回线的矫顽电压不对称，分别为 31.7V 和 −14.7V，这是由顶部和底部界面之间的非对称边界条件造成的[32,34]。

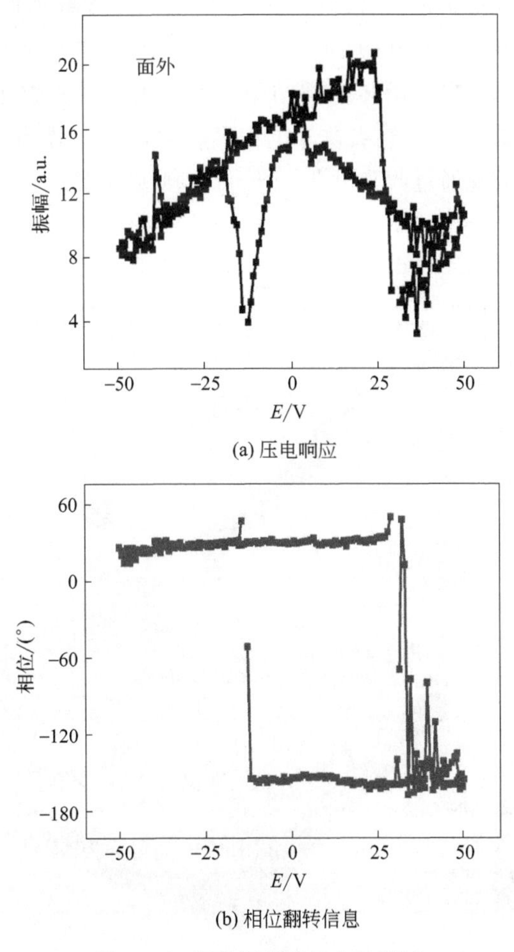

图 4-18　铌酸锂薄膜铁电性测试

4.4 铁电单晶铌酸锂薄膜电畴调控

4.4.1 铌酸锂铁电薄膜电畴表征

由于铌酸锂薄膜的矫顽电场相对较大，传统的电压扫描极化手段无法实现完全屏蔽状态，因此即使成功翻转电畴，在退极化作用下很容易实现电畴反向生长，导致不稳定的电畴状态。

本节主要利用纳米尺度下针尖的逐点扫描实现电畴的可控翻转，并提升翻转电畴的稳定性，尤其是在高温环境下的稳定性。图 4-19 为针尖诱导电畴翻转对应的工作原理示意图，压电力显微镜通过收集针尖与样品的接触动态以构建形貌和压电响应，直流偏置电压加载到探针针尖，由于针尖尺寸小，产生极高的局部极化电场，并且该电场集中在针尖与样品表面微小的接触面积上。与传统的极化过程相比，这种针尖诱导极化方法

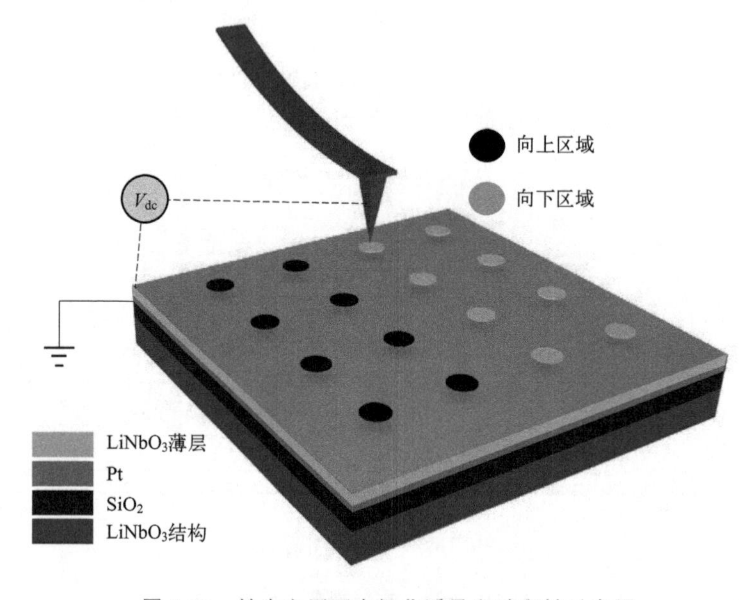

图 4-19　针尖电压逐点极化诱导电畴翻转示意图

在电畴调控方面实现了更高的效率和更低的电压驱动电畴翻转[35]。

铌酸锂单晶薄膜的电畴结构根据切向不同而表现出不同的择优取向，本实验采用 Z 切单晶铌酸锂薄膜，电畴只在沿着 Z 轴垂直的方向上分布，利用压电力显微镜表征垂直方向的电畴分布情况，在所测试的范围内只有一个均匀的对比度，如图 4-20 所示，表明在竖直方向上的极化分量是单一的指向，电畴的朝上和朝下则需要进一步通过极化电压翻转测试来确定。

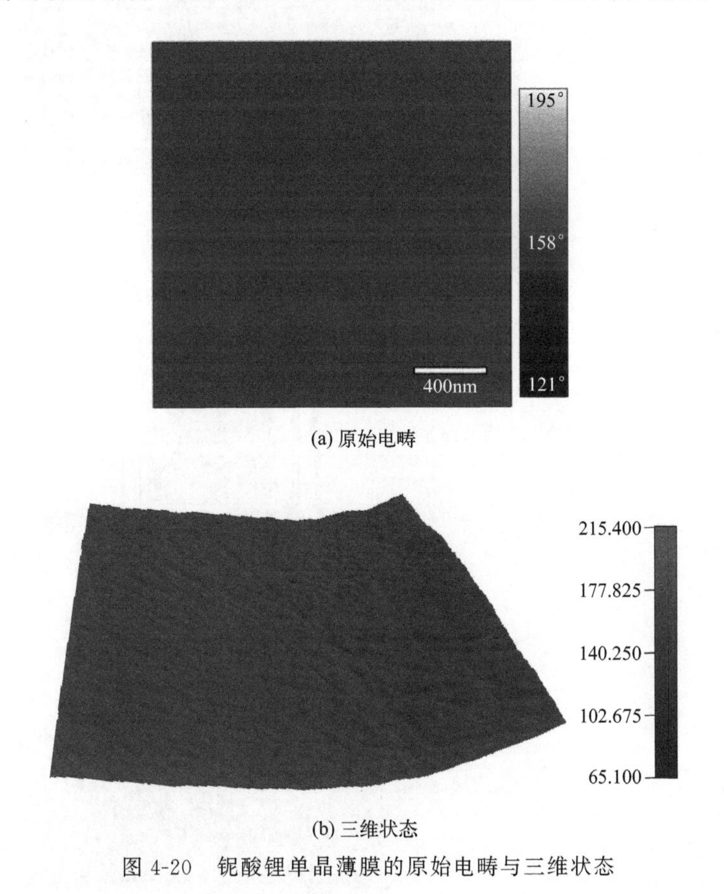

(a) 原始电畴

(b) 三维状态

图 4-20　铌酸锂单晶薄膜的原始电畴与三维状态

由于非铁电薄膜在单点压电响应测试中也能观察到电滞回线，因此仅通过电滞回线测试并不能确认某一材料的铁电性质[36,37]。为了排除虚假的铁电响应信号，使用双频追踪谐振模式（DART）进行电畴的测试与表征，激励正弦交流信号为1V，以排除形貌对电畴的影响[35]，直流偏压施加到针尖获得点激励下电畴翻转如图4-21(a) 所示。

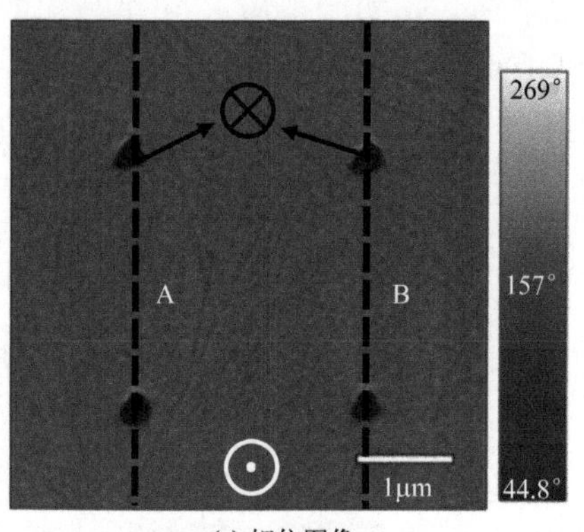

(a) 相位图像

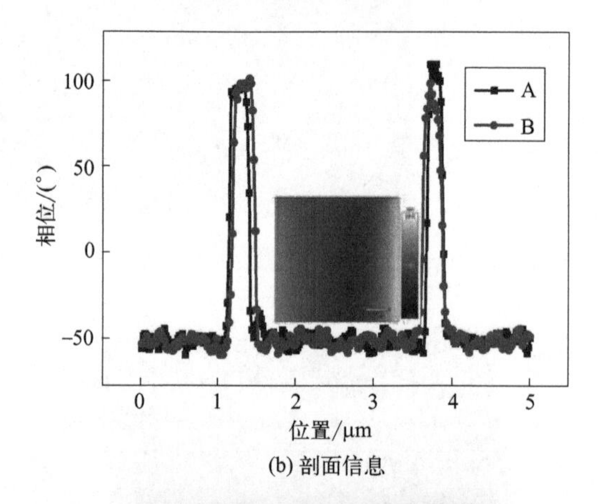

(b) 剖面信息

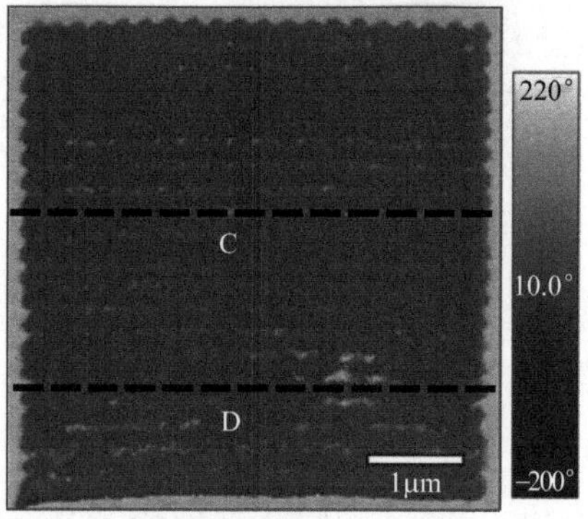

(c) 相位图像

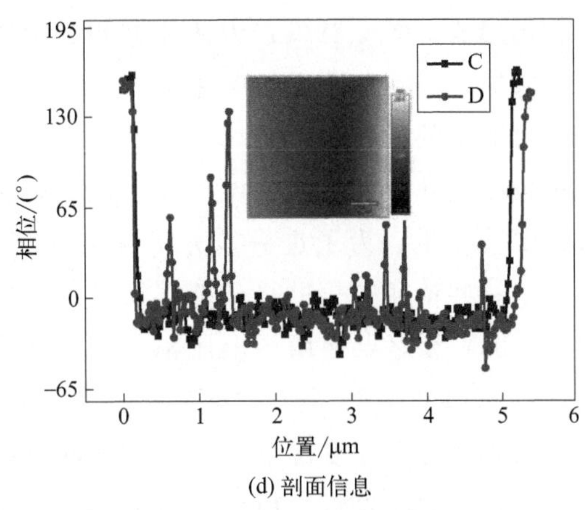

(d) 剖面信息

图 4-21　针尖电压极化电畴翻转

电畴翻转过程开始于薄膜表面处反向电畴的成核，然后沿着极轴和水平方向进行电畴的纵向生长，横向扩张，最后电畴合并融合成一个指向的新电畴。在针尖接触区域内的电畴翻转可通过图 4-21(b) 中所示的相位分布图证实。此外，在针尖感应电场下观察到不同阵列的电畴翻转区域，可以看出新的反向电畴成核，随着畴壁运动扩展到邻近区域，与 Landau-Ginzburg-Devonshire 理论一致[38,39]，最后，局部区域内的电畴融合完成电畴的翻转调控。尽管如此，仍然可以观察到一些区域的电畴并没有随着外电场发生翻转现象而仍指向初始极化状态，如图 4-21(c) 和 (d) 所示，这可能是由电畴钉扎和界面效应引起的[40]。

为了证实针尖极化电畴翻转的可靠性，避免由偶然因素造成的电畴翻转，在其他测试区域内利用不同的极化参数对铌酸锂进行针尖极化实验，在满足其能量势垒的前提下，薄膜均表现出完整的电畴翻转过程，在电畴极化翻转的基础上，基于数据统计分析铌酸锂电畴在不同极化参数下电畴的动态生长规律。经过以上极化分析可知，电畴成核和增长速率分别由成核位置和电畴边界处局部电场的极化分量控制。根据之前的报道，电畴尺寸由沿该方向生长的电畴尺寸平均值确定[41,42]。图 4-22 (a) 和 (b) 统计了当针尖施加脉冲电压在扫描区域内进行极化时的电畴动力学过程，通过压电力显微镜分析极化过程中的电畴翻转，改变脉冲电压的幅度和持续时间，不同尺寸的电畴翻转相继形成。图 4-22(a) 中薄膜的相位图是加载固定的脉冲电压（33V）和持续时间逐点递增（6.5s）写入的，电畴翻转可以通过明显的相位对比来区分，针尖引起的电畴翻转是测试区域中较暗的部分。当施加电压小于电畴翻转能量势垒时，新畴成核不会发生。为了进一步分析针尖电压对电畴翻转的影响，选择了一些特征参数进行分析，如图 4-22(b) 所示，以固定的时间（3s）和逐点递增的电压幅值进行极化（初始值 40V，电压增量 1.09V），所获得的纳米电畴是不规则的[43,44]。通过统计电畴翻转的尺寸发现电畴大小对脉冲电压的依赖性几乎呈线性关系，如图 4-22(c) 所示，而电畴尺寸对使用相同脉冲电压和不同极化持续时间的依赖性如图 4-22(d) 所示，研究发现电畴尺寸在极化刚开始时增长非常快，然后逐渐达到平衡状态，呈对数规律增长，这与之前的研究一致[43,45]。

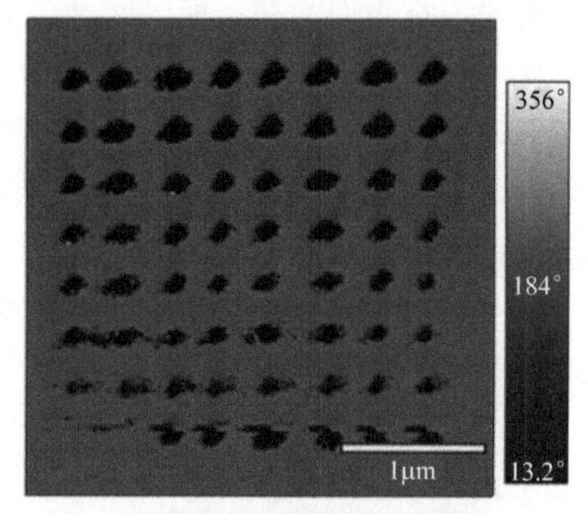

(a) 33V，极化时间以6.5s递增

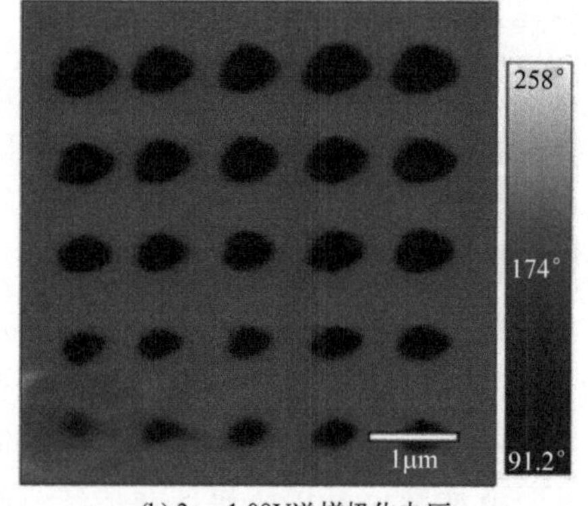

(b) 3s，1.09V递增极化电压

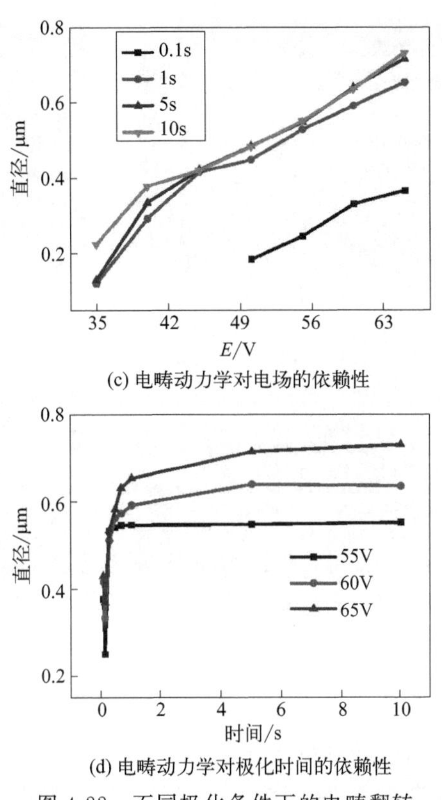

(c) 电畴动力学对电场的依赖性

(d) 电畴动力学对极化时间的依赖性

图 4-22　不同极化条件下的电畴翻转

利用针尖运动自定义图形诱导的极化电畴翻转如图 4-23 所示，所设置的自定义曲线为 NUC（中北大学的首字母缩写）和 NUS（新加坡国立大学的首字母缩写），针尖偏置电压为 50V，与之前的重复极化电畴翻转具有可比性[35]。这种高效的电畴极化过程可归因于针尖作用下的电场局部最大分布。图 4-23(a)～(d) 表现出明显的相位和压电振幅对比，在局部区域获得稳定的电畴翻转且畴壁清晰可见，证实了这种极化方法的普遍适用性。需要指出的是针尖诱导电畴翻转相比于传统极化模式，极化阈值电压更低，开辟了低压驱动纳米尺度电畴翻转的新方法[35,46,47]。

为了探索电畴翻转所需能量势垒与加载极化电压和持续时间的对应关系，分析电畴翻转所需的阈值电压与极化时间的协同关系，在此基础上进行了一系列扫描极化实验。图 4-24(a)～

(a) 相位图像　(b) 相位图像

(c) 振幅图像　(d) 振幅图像

图 4-23　自定义图形诱导极化电畴翻转

(d) 分别代表在 35V 到 65V 的极化电压下电畴翻转情况，极化电压幅值逐点步进为 1.25V，其中图（a）激励电压持续时间逐点步进为 0.1s，图（b）～（d）的激励电压持续时间逐点步进分别为 1s、5s、10s，图（e）～（h）分别代表相应测试下得到的压电响应信号。对比测试结果表明，在较短的步进时间 0.1s 下，电畴翻转所需的阈值电压较高，最开始加载的小电压几乎无法造成新电畴的成核与翻转，直到加载电压增加到 52.5V 左右，才能观察到反向的电畴成核生长。当不改变电压的情况下增加极化保持时间到 1s 甚至更长持续时间时，电畴的翻转在初始电压 35V 处就能发生，且随着激励时间的增长，所形成的电畴尺寸呈先增大后稳定保持的特征，符合之前得到的对数增长规律。

在前述针尖调控电畴翻转的基础上，优化极化参数，设计不同阵列的电畴翻转实验如图 4-25 所示，实验中加载电压为 50V，初始极化时间 0.1s，持续时间递增步长为 0.01s，发现在极化电畴翻转区域，相邻的电畴随着阵列密集度增加实现了翻转电畴融合，进而在局部范围形成单一指向的极化微畴，该融合电畴的稳定性将在后续进行讨论。

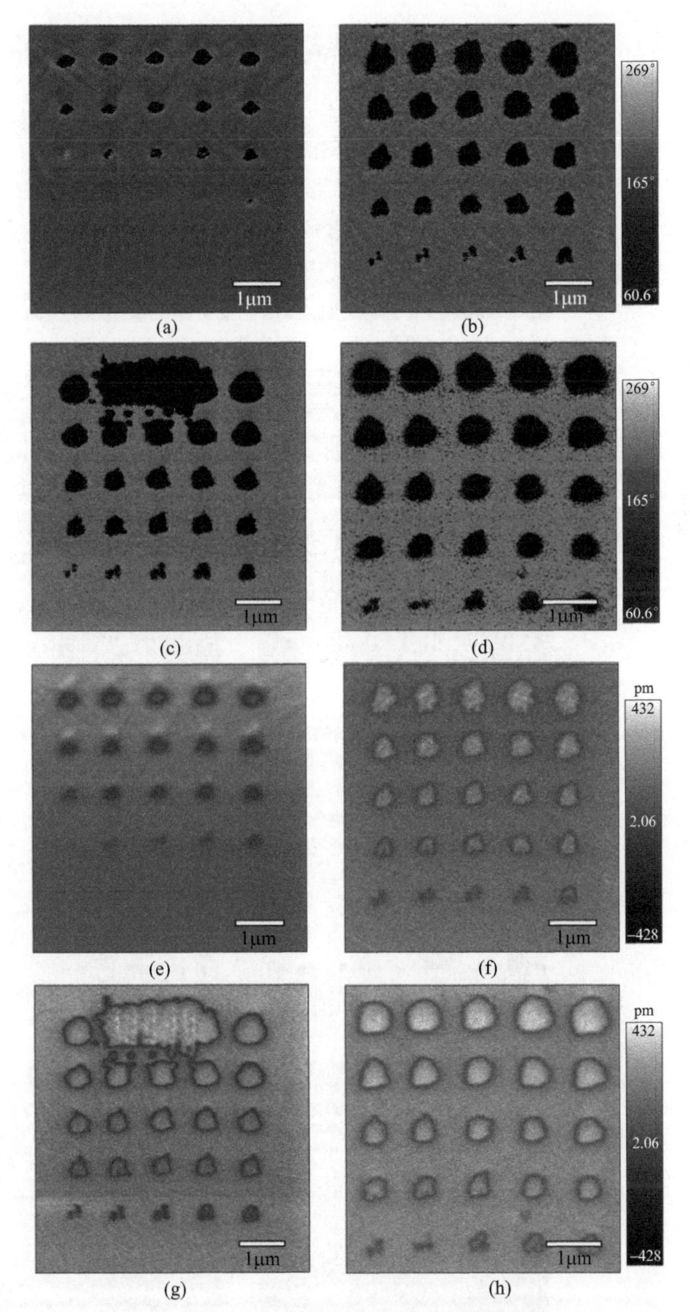

图 4-24　单晶薄膜在针尖极化下的电畴表征

相位图像（a）～(d)，压电振幅信息（e）～(h)，加载电压范围为 35V 至 65V，持续时间为 0.1s(a) 和（e），1s(b) 和（f），5s(c) 和（g），10s(d) 和（h）

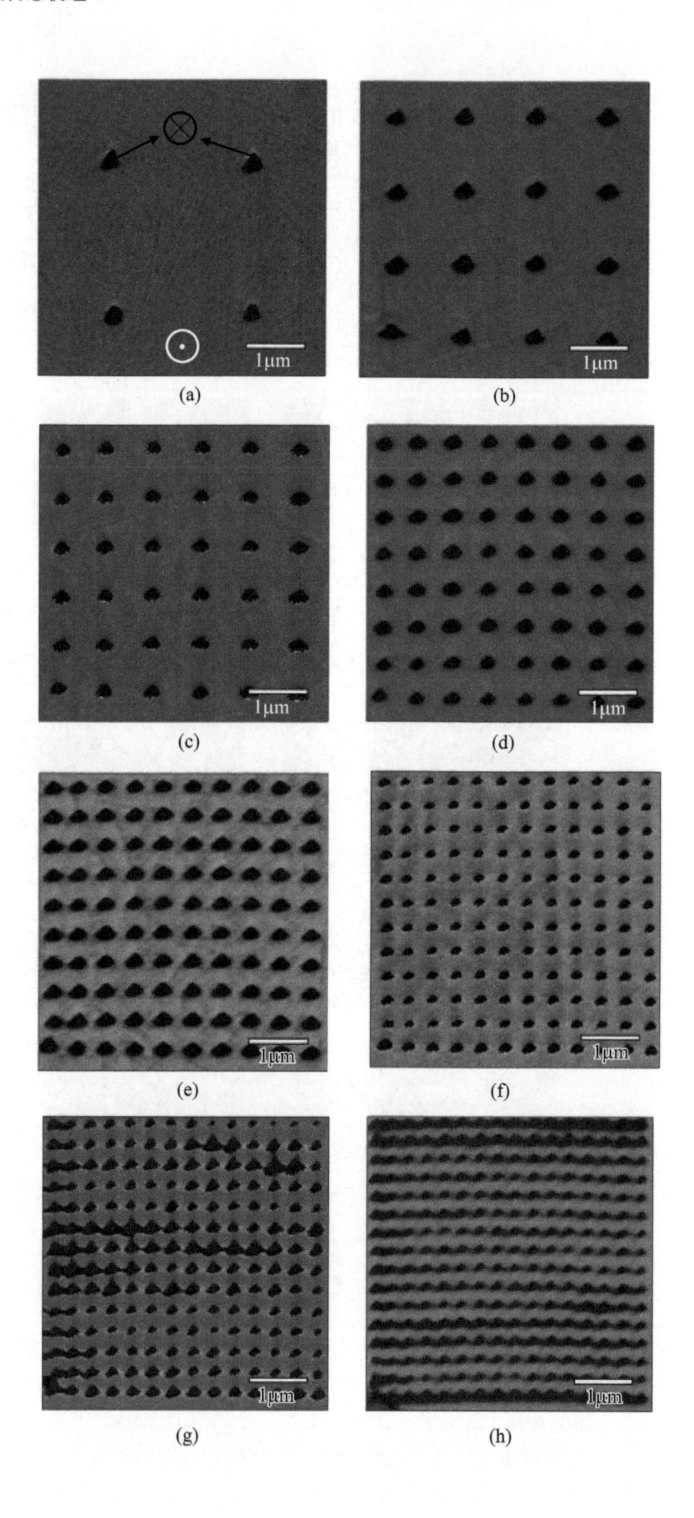

(a) (b) (c) (d) (e) (f) (g) (h)

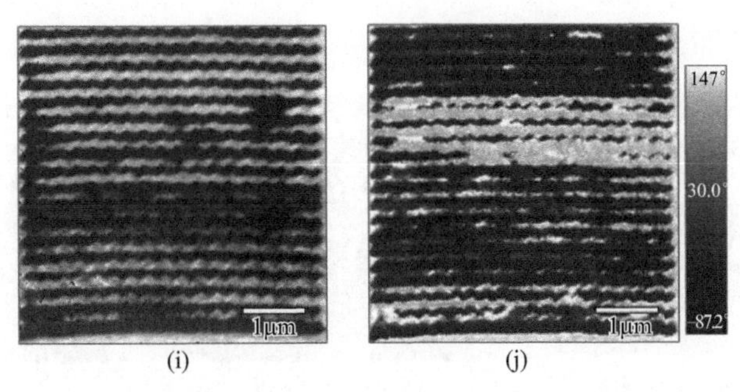

图 4-25　铌酸锂薄膜被不同阵列的针尖偏置极化后的相位图像

偏置电压为 50V(a)～(j)

4.4.2　铌酸锂薄膜电畴纳米量级精准调控

进一步利用致密点阵列极化方法实现局部电畴翻转如图 4-26 所示，极化示意图如图 4-26(a) 所示，针尖极化电场的方向与原始自发极化方向相反，促进了反向电畴的形成[48]。图 (c)～(e) 中铁电畴壁位置明显，且畴壁处的压电响应较小。如图 4-26(f) 和 (g) 所示，向上电畴和向下电畴之间的相位对比接近 180°[49,50]。测试区域中的电畴分布主要集中在两个区域如图 4-26(h) 所示。此外，图 4-26(i) 表征了铌酸锂薄膜在电场激励作用下的压电耦合响应。需要指出的是，稳定的电畴保持促进了带电畴壁的形成，因为处在亚稳态的畴壁通常不容易导电，为后续基于畴壁导电的器件研究奠定基础[51]。

静电边界条件和退极化场的有效屏蔽对于电畴稳定保持特性至关重要，当撤掉外加极化电场时，翻转电畴区域能够在一个多月的时间内仍然持续保持稳定状态，面外的相位对比度相对稳定，图 4-27(a)～(f)分别对应逐点扫描的电畴翻转在不同持续时间下的保持特性，表明针尖极化逐点扫描下对应的电畴翻转具有超强的稳定性。研究表明，铁电畴在正常情况下能够保持数十年以上，因而利用这一稳定特性能够将其用作恶劣环境中的单元器件，突破传统器件在恶劣环境中的失效问题。

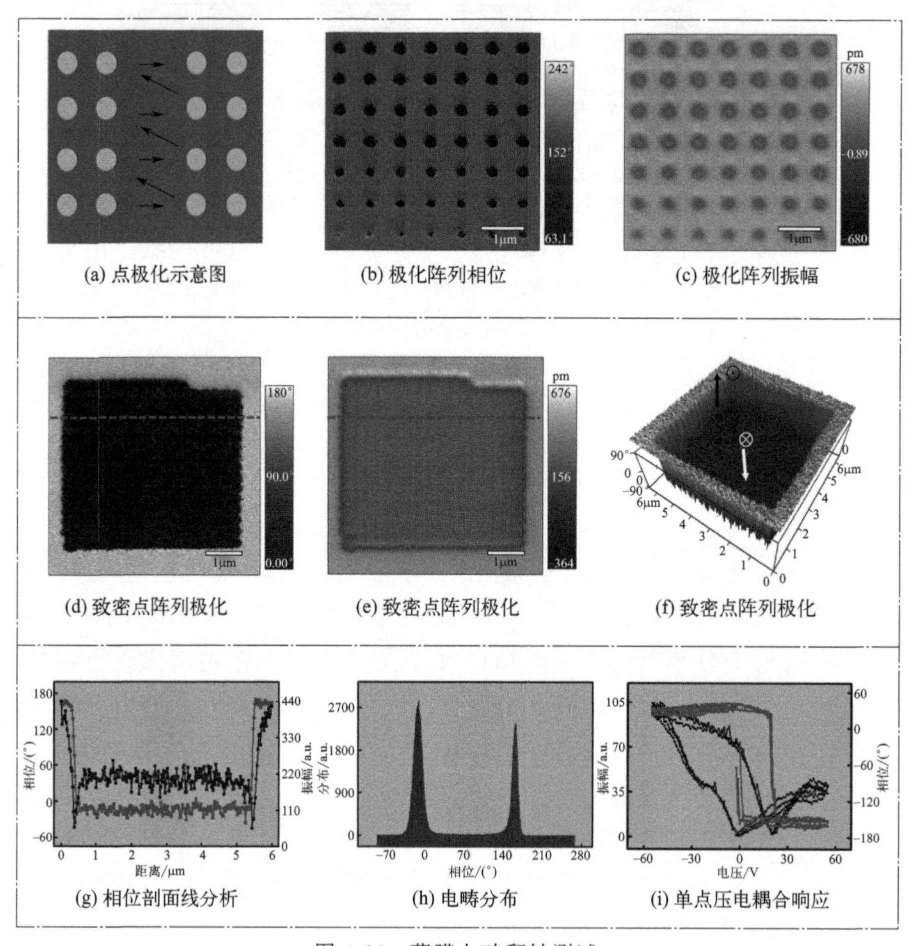

图 4-26　薄膜电畴翻转测试

前边提到电畴翻转所需的能量与极化时间和激励电压幅值协同作用密切相关，较长极化时间下的电畴翻转可能需要更小的电压。在此基础上，利用不同幅值的激励电压进行自定义图形化电畴翻转，通过测试发现，图 4-28(a) 中的电畴能够在 35V 的偏压下成核并部分翻转（并不完全翻转），而当激励电压小于 35V 时（30V），未观察到明显的电畴翻转现象，这一结果与之前研究提出的电畴翻转阈值能量相一致。

图 4-27　电畴翻转保持相位信息

针对不同极化条件下获得的电畴翻转进行稳定性测试，如图 4-29 所示，结果表明在较高激励电压下的电畴翻转相比于低电压下的电畴翻转具有更好的保持特性，通过相位和幅值测试，分析在不同持续时间（28d 和 35d）下的电畴稳定性响应，可以

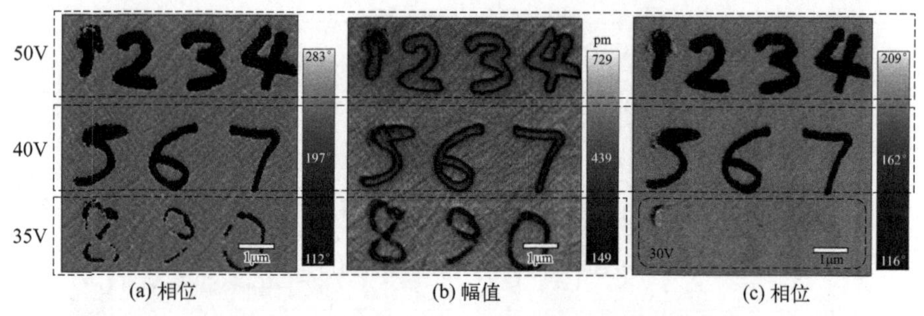

(a) 相位 (b) 幅值 (c) 相位

图 4-28 不同极化电压对应的局部电畴翻转

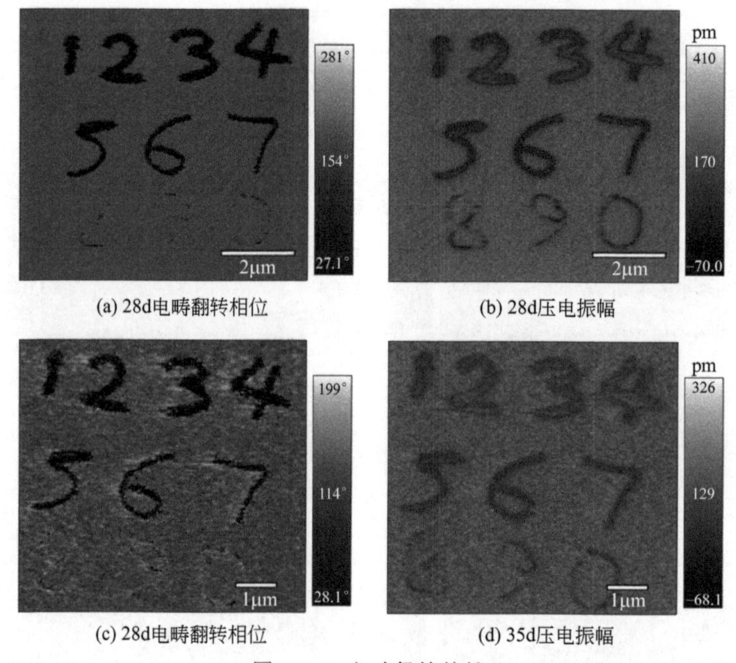

(a) 28d电畴翻转相位 (b) 28d压电振幅

(c) 28d电畴翻转相位 (d) 35d压电振幅

图 4-29 电畴保持特性

看到小电压（35V）下极化形成的电畴虽能够成核生长，但稳定性差，在一段时间后发生明显的退极化现象，而较大电压极化时，对应的电畴状态能够稳定保持。这一现象与极化条件不同引起的屏蔽载流子补偿程度相关，较大的极化电压为铁电薄膜提供了良好的屏蔽状态，因而翻转电畴能够长时间稳定保持。在前述研究基础上进一步分析了翻转电畴在不同环境温度下的稳定性，如图 4-30 所示。外部温度改变可能造成屏蔽状态变化，进而影响电畴的稳定性[52]，对于电畴翻转，与矫顽电场密切相关的阈值能量对新畴成核和生长至关重要。通过针尖极化调控的电畴阵列翻转表现出优异的稳定性，即使在高达 147℃的高温下和冷却至室温后，所形成的电畴图案也非常稳定，为导电畴壁的稳定保持提供可能性。

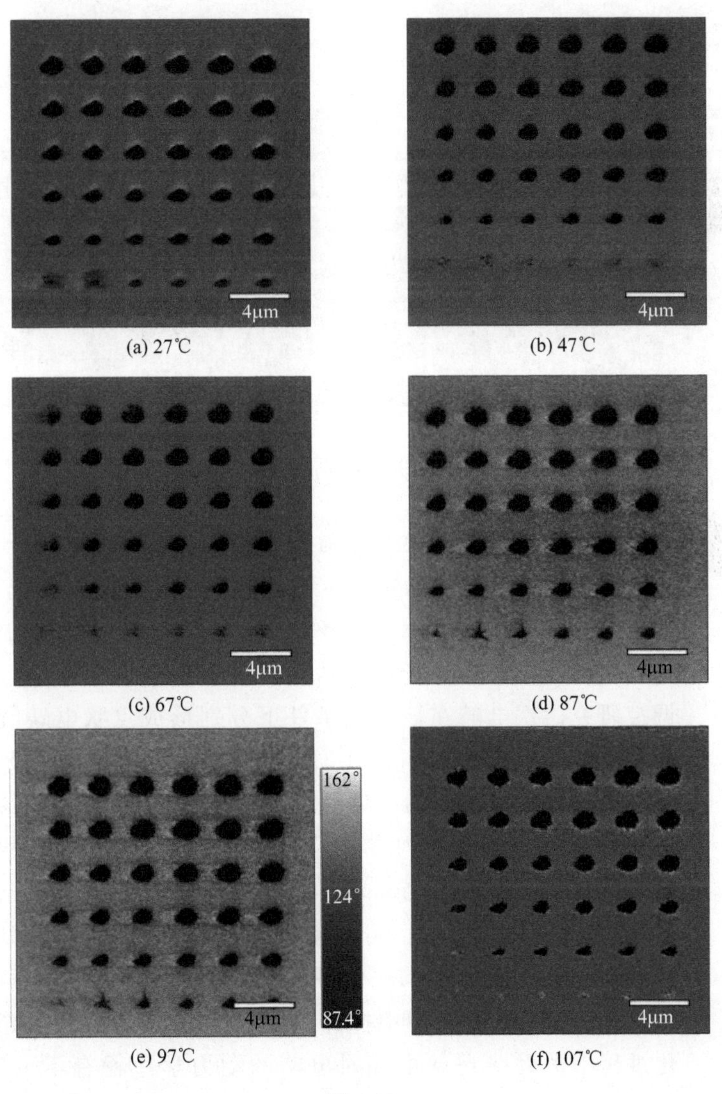

(a) 27℃　(b) 47℃　(c) 67℃　(d) 87℃　(e) 97℃　(f) 107℃

图 4-30

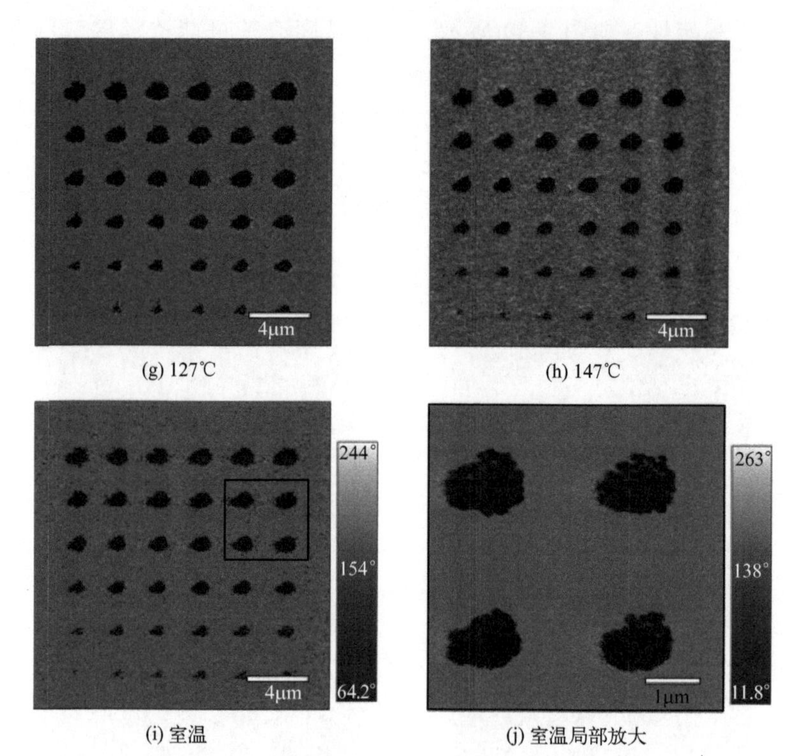

(g) 127℃ (h) 147℃

(i) 室温 (j) 室温局部放大

图 4-30 不同温度环境下的电畴稳定性相位图像

通过极化电场偏置能够调控电畴的生长动力学过程，在前述研究基础上，优化极化电压与持续时间，发现在 37.5V 的极化电压下持续激励 0.2s，能够实现尺寸为 250nm 左右的电畴成核并稳定存在，如图 4-31 所示，该结果有利于纳米量级电畴的调控研究。铁电畴在该极化条件下分别形成点状电畴[图 4-31(a)]和融合成条状电畴[图 4-31(b)]，对比发现，相同极化条件对应的不同阵列形成的电畴翻转动力学完全不同，这可能与扫图过程中探针的扫描方向有关，图 4-31(b) 中探针的快扫描方向沿着水平方向，随之带来的是与其反向的尾随电场，促进翻转电畴进一步融合，图（e）为（b）中放大扫描的局部电畴翻转，图（c），（d）和（f）分别表示对应极化条件下的压电响应图，黑色箭头代表扫图中探针的快扫描方向，测试结果表明极化过程中的针尖尾随电场对电畴的动力学过程有不可忽视的作用。

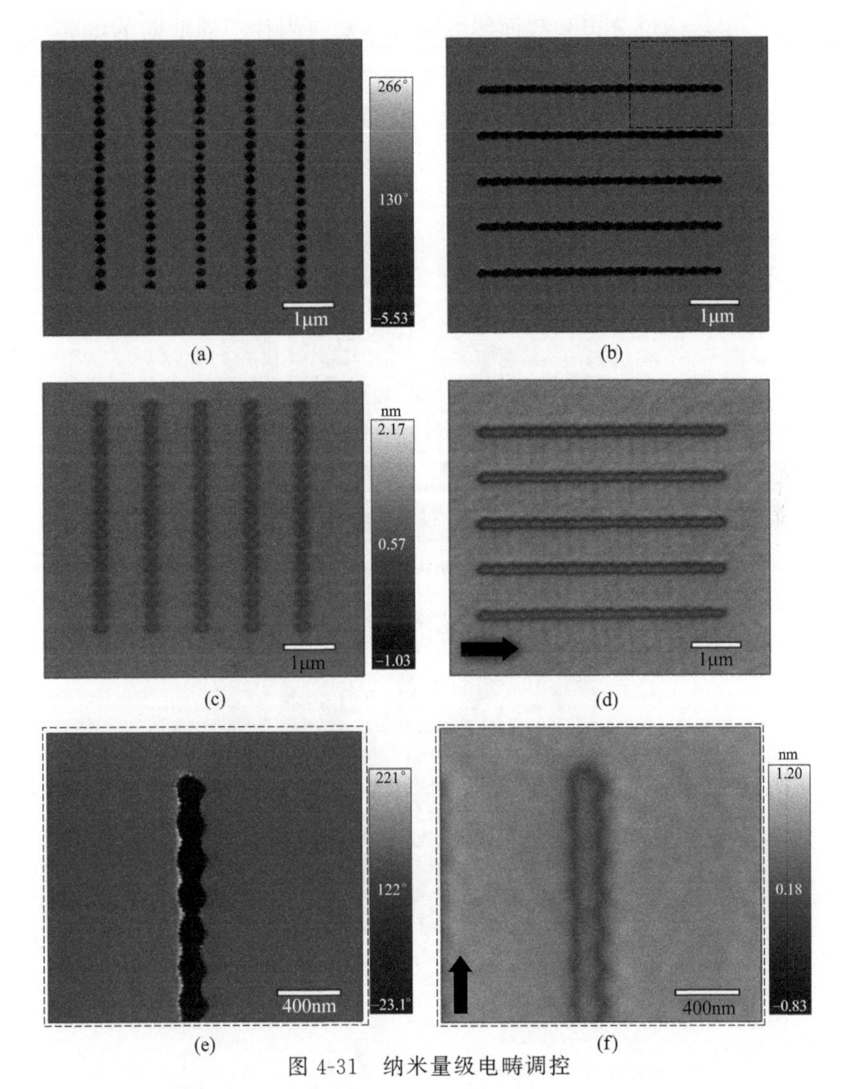

图 4-31　纳米量级电畴调控

不同阵列极化得到的电畴翻转，极化电压为 37.5V，持续时间 0.2s[(a),(b)]，对应的压电振幅响应图[(c),(d)]，改变扫描角度获得的局部电畴翻转图[(e),(f)]

4.4.3　铌酸锂薄膜电畴翻转抗辐照

为了探究辐照环境下电畴翻转的稳定性，将针尖调控的电畴翻转搁置于 γ 辐射环境中，辐照剂量为 1Mrad，通过测试分析得到翻转电畴区域在辐照环境下保持相对稳定，如图 4-32 所示，相位分布和截面线数据分别对应两种不同取向的电畴状态，在辐照前后，取向相反的电畴均表现出180°的相位差，且翻转区域基本保持稳定，验证了针尖调控电畴翻转在辐照环境下的稳定性，为后续基于畴壁的传感器件设计奠定研究基础。

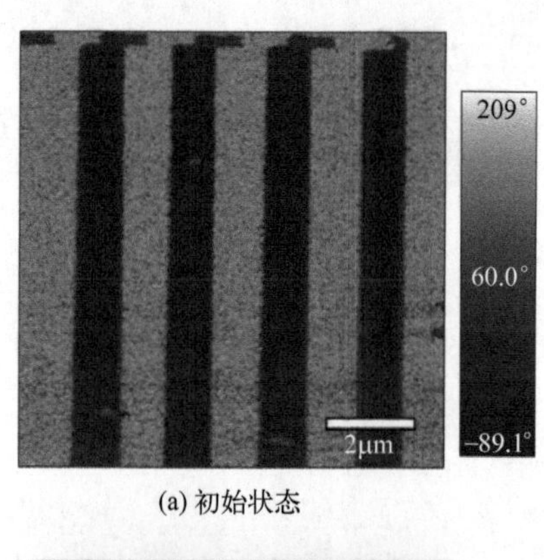

(a) 初始状态

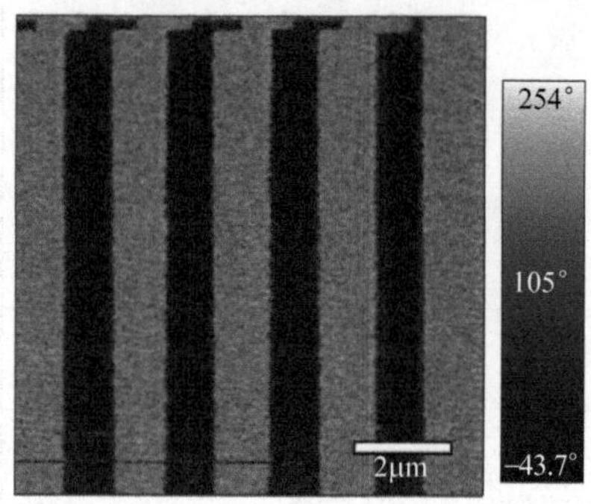

(b) 1Mrad辐射电畴状态

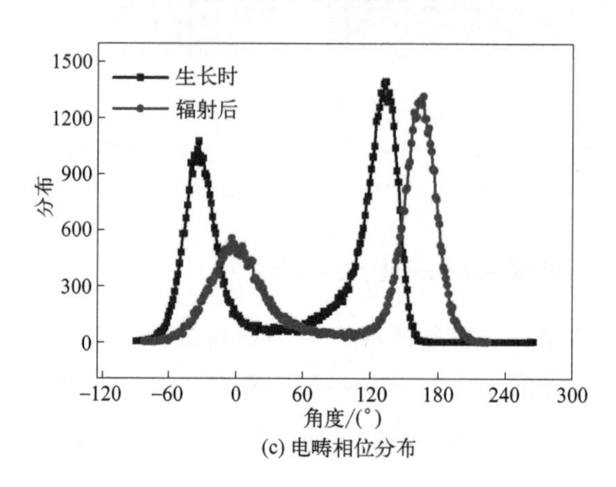

(c) 电畴相位分布

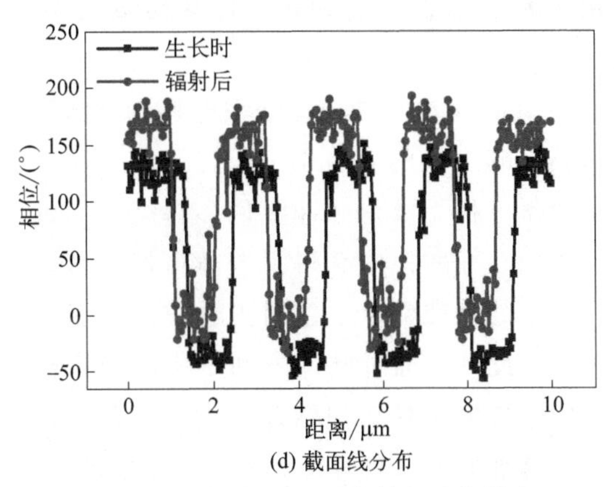

(d) 截面线分布

图 4-32　γ 辐射辐照对翻转电畴的影响

本章小结

铁电畴动力学过程容易受到外界刺激，特别是温度的影响，研究铁电薄膜中的电畴调控及温度稳定性，实现电畴纳米尺度精准调控并提升电畴结构温度稳定性，对于辐照环境下的电畴稳定调控与纳米尺度下器件功能验证具有重要意义。本章针对铁电薄膜电畴调控及稳定性问题，开展基于压电力显微镜的无铅铁酸铋外延薄膜和铌酸锂薄膜电畴调控研究，实现了铁酸铋薄膜不同角度的电畴翻转和铌酸锂单晶薄膜的纳米级电畴调控。阐述了铁酸铋和铌酸锂薄膜电畴动力学过程及规律。翻转电畴表现出优良的抗辐照特性，利用电畴翻转的稳态特性作为基础功能单元核心构件，为抗辐照电子器件研究奠定基础，得到的具体结论如下：

① 基于针尖极化调控外延铁酸铋薄膜的局部微畴，系统研究外延铁酸铋薄膜中压电性能和电畴调控的温度依赖性。结果表明，基于针尖极化的电畴翻转在温度升高的情况下仍保持平衡状态。此外，还探索了垂直和水平方向的压电响应特性及其温度依赖性，并确定了面内和面外的有效压电系数。新翻转的面内电畴能在高达 155℃ 的高温下稳定存在，且具有优异的疲劳保持特性，而基于导电衬底生长的铁酸铋薄膜能够在极化电

场作用下实现 180°电畴翻转，且翻转电畴在高温环境下稳定保持。

② 提出针尖电场调控铌酸锂电畴的新方法，详细研究了铌酸锂薄膜电畴生长的动力学过程，结果表明，铌酸锂薄膜中的电畴动力学过程受极化脉冲幅值和持续时间的共同影响。通过自定义图形在铌酸锂中获得了电畴可控翻转，展示了铁电畴在纳米尺度上的精准调控，且翻转电畴在 γ 射线辐射环境中保持相对稳定。此外，通过脉冲阵列密集点极化模式在 $5\mu m \times 5\mu m$ 的区域内完成电畴翻转和融合过程，实现抗辐照铁电单晶纳米量级电畴精准调控且具有良好的温度稳定性。

参考文献

[1] AHN Y，SEO J，SON JY，et al. Ferroelectric domain structures and thickness scaling of epitaxial $BiFeO_3$ thin films [J]. Materials Letters，2015，154：25-28.

[2] FRUNZA R，DAN R，GHEORGHIU F，et al. Preparation and characterisation of PZT films by RF-magnetron sputtering [J]. Journal of Alloys and Compounds，2011，509 (21)：6242-6246.

[3] LU H，BARK CW，ESQUE D O D，et al. Mechanical writing of ferroelectric polarization [J]. Science，2012：336 (6077)：59-61.

[4] WANG T X，CHEN P C，CHUAN X U，et al. Periodically poled $LiNbO_3$ crystals from 1D and 2D to 3D [J]. Science China Technological Sciences，2020，63：1110-1126.

[5] HUYAN H，LI L，ADDIEGO C，et al. Structures and electronic properties of domain walls in $BiFeO_3$ thin films [J]. National Science Review，2019，6 (4)：669-683.

[6] HAN M J，WANG Y J，MA D S，et al. Coexistence of rhombohedral and orthorhombic phases in ultrathin $BiFeO_3$ films driven by interfacial oxygen octahedral coupling [J]. Acta Materialia，2018，145：220-226.

[7] PALATNIKOV M N，SANDLER V A，SIDOROV N V，et al. Conditions of application of $LiNbO_3$ based piezoelectric resonators at high temperatures [J]. Physics Letters A，2020，384 (14)：126289.

[8] VASUDEVAN R K，MOROZOVSKA A N，ELISEEV E A，et al. Domain wall geometry controls conduction in ferroelectrics [J]. Nano letters，2012，12 (11)：5524-5531.

[9] YANG S Y, SEIDEL J, BYRNES S J, et al. Above-bandgap voltages from ferroelectric photovoltaic devices [J]. Nature Nanotechnology, 2010, 5 (2): 143.

[10] TIAN G, YANG W, SONG X, et al. Manipulation of conductive domain walls in confined ferroelectric nanoislands [J]. Advanced Functional Materials, 2019, 29 (32): 1807276.

[11] QIAO X, GENG W, MENG J, et al. Robust domain variants and ferroelectric property in epitaxial $BiFeO_3$ films [J]. Materials Research Express, 2021, 8 (1): 016401.

[12] JUNGK T, HOFFMANN Á, SOERGEL E. Comment on "Origin of piezoelectric response under a biased scanning probe microscopy tip across a 180° ferroelectric domain wall" [J]. Physical Review B, 2014, 89 (22): 226101.

[13] MORELLI A, JOHANN F, BURNS SR, et al. Deterministic switching in bismuth ferrite nanoislands [J]. Nano letters, 2016, 16 (8): 5228-5234.

[14] QIAO X, GENG W, SUN Y, et al. Robust in-plane polarization switching in epitaxial $BiFeO_3$ films [J]. Journal of Alloys and Compounds, 2021, 852: 156988.

[15] ZHAO B, JIANG J, LONG H, et al. The effect of in situ annealing oxygen pressure on the ferroelectric resistive switching characteristic [J]. Ceramics International, 2015, 41: S835-S840.

[16] LIU B, YANG C, LI X, et al. Origin of antipolar clusters in $BiFeO_3$ epitaxial thin films [J]. Journal of the European Ceramic Society, 2018, 38 (2): 621-627.

[17] CATALAN G, BÉA H, FUSIL S, et al. Fractal dimension and size scaling of domains in thin films of multiferroic $BiFeO_3$ [J]. Physical Review Letters, 2008, 100 (2): 027602.

[18] CHEN M, MA J, PENG R-C, et al. Robust polarization switching in self-assembled $BiFeO_3$ nanoislands with quad-domain structures [J]. Acta Materialia, 2019, 175: 324-330.

[19] MCGILLY L J, KERELSKY A, FINNEY N R, et al. Visualization of moire superlattices [J]. Nature Nanotechnology, 2020, 15 (7): 580-584.

[20] LUO J, LIU L, ZHANG S-W, et al. Ferroelectric domain structures in monoclinic ($K_{0.5}Na_{0.5}$) NbO_3 epitaxial thin films [J]. physica status solidi (RRL) -Rapid Research Letters, 2021, 15 (6): 2100127.

[21] ZHOU Y, WANG C, LOU X, et al. Internal electric field and polarization backswitching induced by Nb doping in $BiFeO_3$ thin films [J]. ACS Applied Electronic Materials, 2019, 1 (12): 2701-2707.

[22] FENG Y, WANG C, TIAN S, et al. Controllable growth of ultrathin $BiFeO_3$ from finger-like nanostripes to atomically flat films [J]. Nanotechnology,

2016，27（35）：355604.

［23］ TU C S，CHEN P Y，CHEN C S，et al. Enhancement of local piezoresponse in samarium and manganese co-doped bismuth ferrite ceramics ［J］. Journal of Alloys and Compounds，2020，815：152383.

［24］ SOLMAZ A，HUIJBEN M，KOSTER G，et al. Domain selectivity in $BiFeO_3$ thin films by modified substrate termination ［J］. Advanced Functional Materials，2016，26（17）：2882-2889.

［25］ ZHOU Y，FANG L，YOU L，et al. Photovoltaic property of domain engineered epitaxial $BiFeO_3$ films ［J］. Applied Physics Letters，2014，105（25）：63.

［26］ BIAN J，WANG Y，ZHU R，et al. Mechanical-induced polarization switching in relaxor ferroelectric single crystals ［J］. ACS Applied Materials & Interfaces，2019，11（43）：40758-40768.

［27］ GARCIA J E，OCHOA D A，GOMIS V，et al. Evidence of temperature dependent domain wall dynamics in hard lead zirconate titanate piezoceramics ［J］. Journal of Applied Physics，2012，112（1）：014113.

［28］ PARK S M，WANG B，DAS S，et al. Selective control of multiple ferroelectric switching pathways using a trailing flexoelectric field ［J］. Nature Nanotechnology，2018，13（5）：366-370.

［29］ RR A，SA A，OA B. Science and technology of ferroelectric films and heterostructures for non-volatile ferroelectric memories ［J］. Materials Science and Engineering，2001，32（6）：191-236.

［30］ BALKE N，GAJEK M，TAGANTSEV A K，et al. Direct observation of capacitor switching using planar electrodes ［J］. Advanced Functional Materials，2010，20（20）：3466-3475.

［31］ SCHRÖDER M，HAUBMANN A，THIESSEN A，et al. Conducting domain walls in Lithium Niobate single crystals ［J］. Advanced Functional Materials，2012，22（18）：3936-3944.

［32］ CHAUDHARY P，LU H，LIPATOV A，et al. Low-voltage domain-wall $LiNbO_3$ memristors ［J］. Nano Letters，2020，20（8）：5873-5878.

［33］ MCCONVILLE J P V，LU H，WANG B，et al. Ferroelectric domain wall memristor ［J］. Advanced Functional Materials，2020，30（28）：2000109.

［34］ GE W，ZENG H，SHUAI Y，et al. Nano-domain nucleation in frontof moving domain wall during tip-induced polarization reversal in ion-sliced $LiNbO_3$ thin films ［J］. Materials Research Express，2019，6（3）：035033.

［35］ ZHANG L，GENG W，CHEN X，et al. Enhancing the thermal stability of switched domains in lithium niobate single-crystal thin films ［J］. Ceramics International，2020，46（7）：9192-9197.

[36] GRUVERMAN A, ALEXE M, MEIER D. Piezoresponse force microscopy and nanoferroic phenomena [J]. Nature Communications, 2019, 10 (1): 1661.

[37] VASUDEVAN R K, BALKE N, MAKSYMOVYCH P, et al. Ferroelectric or non-ferroelectric: Why so many materials exhibit "ferroelectricity" on the nanoscale [J]. Applied Physics Reviews, 2017, 4 (2): 021302.

[38] GAINUTDINOV R V, VOLK T R, ZHANG H H. Domain formation and polarization reversal under atomic force microscopy-tip voltages in ion-sliced $LiNbO_3$ films on $SiO_2/LiNbO_3$ substrates [J]. Applied Physics Letters, 2015, 107 (16): 162903.

[39] ZHANG D, SANDO D, SHARMA P, et al. Superior polarization retention through engineered domain wall pinning [J]. Nature Communications, 2020, 11 (1): 349.

[40] JIANG J, MENG X J, GENG D Q, et al. Accelerated domain switching speed in single-crystal $LiNbO_3$ thin films [J]. Journal of Applied Physics, 2015, 117 (10): 104101.

[41] SUN X. Stability of nano-scale ferroelectric domains in a $LiNbO_3$ single crystal: The role of surface energy and polar molecule adsorption [J]. Journal of Applied Physics, 2012, 111 (9): 4398.

[42] SHUR V Y, RUMYANTSEV E L, NDCOLAEVA E V, et al. Recent achievements in domain engineering in lithium niobate and lithium tantalate [J]. Ferroelectrics, 2001, 257 (1): 191-202.

[43] AGRONIN A, ROSENWAKS Y, ROSENMAN G. Ferroelectric domain reversal in $LiNbO_3$ crystals using high-voltage atomic force microscopy [J]. Applied Physics Letters, 2004, 85 (3): 452-454.

[44] RODRIGUEZ B J, NEMANICH R J, KINGON A, et al. Domain growth kinetics in lithium niobate single crystals studied by piezoresponse force microscopy [J]. Applied Physics Letters, 2005, 86 (1): 012906.

[45] SHARMA P, NAKAJIMA T, OKAMURA S, et al. Effect of disorder potential on domain switching behavior in polymer ferroelectric films [J]. Nano Technology, 2013, 24 (1): 015706.

[46] MA H, YUAN G, WU T, et al. Self-organized ferroelectric domains controlled by a constant bias from the atomic force microscopy tip [J]. ACS Applied Materials & Interfaces, 2018, 10 (47): 40911-40917.

[47] MCGILLY L J, YUDIN P, FEIGL L, et al. Controlling domain wall motion in ferroelectric thin films [J]. Nature Nanotechnology, 2015, 10 (2): 145-150.

[48] QIAO X, GENG W, ZHENG D, et al. Domain modulation in $LiNbO_3$ films using litho piezoresponse force microscopy [J]. Nanotechnology, 2020,

32：145713.

[49] RANA A，LU H，BOGLE K，et al. Scaling behavior of resistive switching in epitaxial bismuth ferrite heterostructures [J]. Advanced Functional Materials，2014，24 (25)：3962-3969.

[50] LI S，ZHU Y L，WANG Y J，et al. Periodic arrays of flux-closure domains in ferroelectric thin films with oxide electrodes [J]. Applied Physics Letters，2017，111 (5)：052901.

[51] PRYAKHINA V I，ALIKIN D O，NEGASHEV S A，et al. Evolution of domain structure and formation of charged domain walls during polarization reversal in lithium niobate single crystals modified by vacuum annealing [J]. Physics of the Solid State，2018，60 (1)：103-107.

[52] BAK O，HOLSTAD T S，TAN Y，et al. Observation of unconventional dynamics of domain walls in uniaxial ferroelectric lead germanate [J]. Advanced Functional Materials，2020，30 (21)：2000284.

第5章

基于导电畴壁的温度传感器件

负温度系数（NTC）热敏电阻器件在深空探测、新能源汽车、医疗设备监测以及航天系统等领域具有潜在的应用需求，热敏电阻值随着温度的降低呈指数上升趋势，电阻温度系数较小，卓越的灵敏度使其可以进行温度的高精度检测。当前高精度传感器的核心技术主要由西方国家掌握，如何突破这一限制壁垒，实现高精度传感监测成为目前亟需解决的重要问题。传统负温度系数热敏电阻一般由陶瓷基体材料和电极材料组成但其生产与使用要求较高。例如，两者的接触界面必须为良好的欧姆接触才能保证其正常工作，且电极的失效故障是导致器件无法正常工作的常见原因之一，加工制备受到工艺过程和操作细节的影响，在实际量化生产中，工艺精确度直接影响器件的测试精度与可靠性[1]。当前已有发表文献中的陶瓷烧结工艺参数对器件化的工程应用指导意义不大，众多科研机构将其作为涉密内容不对外流传，因此稳定可控的热敏电阻加工和高精度传感实现成了传感器实用化的瓶颈问题。亟需开发新型温度敏感测试技术，突破传统陶瓷材料的生产限制，实现宽温区范围内的高精度传感测试。

电畴翻转形成的畴壁及导电响应作为兴起的结构单元，对半导体器件的传输特性具有十分重要的意义[2,3]，结合导电力显微镜（c-AFM），在样品底部施加特定偏压，系统探究电畴和畴壁的导电性差异[4]，对拓展基于铁电薄膜的半导体器件应用具有重要的影响[5]。尽管当前研究实现了导电畴壁的精准调控，但基于电子束光刻对准技术实现纳米电畴阵列加工仍然存在效率低、设备要求高和精确度要求高等缺点。为了解决以上问题，基于探针极化电畴翻转形成导电畴壁的思路被广泛提出。在前期利用压电力显微镜调控铁电薄膜（铁酸铋和铌酸锂）电畴的基础上，系统探究电畴翻转形成的畴壁导电特性，为高精度温度传感器研究提供思路。

为了探究针尖电场极化下形成的畴壁处电荷分布规律，本章利用导电探针调控畴壁导电特性，通过针尖直接加载局部电场，诱导电畴翻转形成稳定的导电畴壁。通过理论分析和实验测试验证了电场加载过程中畴壁形成及其导电性。探索基于电畴翻转的载流子运动规律，构建畴壁电流可持续存在条件，进一步将畴壁作为敏感单元，开展基于畴壁导电特性的高精度温度传感研究。当环境温度变化时，载流子浓度变化引起铁电畴壁的导电性变化，进而实现敏感的电流特性测试，为高灵敏温度传感器件研发奠定了基础。此外，本章还构建了基于电容结构的传感原型器件，该器件具有典型的单向调制特性，能够实现稳定的电流调制和温度灵敏监测[6,7]。

5.1
畴壁界面导电特性

尽管针对铁电薄膜畴壁导电特性进行了大量理论和实验观测研究，但要实现稳定的畴壁导电特性仍需要进行系统研究。之前研究结果表明，可通过针尖极化电场来观测到稳定的电畴翻转[8]。为了进一步探索电畴翻转区域导电类型及稳定性，需要系统研究畴壁处的载流子分布及导电机理。图 5-1 是铁酸铋薄膜在极化电畴翻转后形成畴壁的导电特性，图 5-1(a) 显示了电畴翻转区域的导电性分布图，在畴壁附近增强的导电性很容易被观测到，根据图 5-1(b) 中所示的虚线截面线数据分析可知，在 2.5V 偏压下电流达到 50pA。

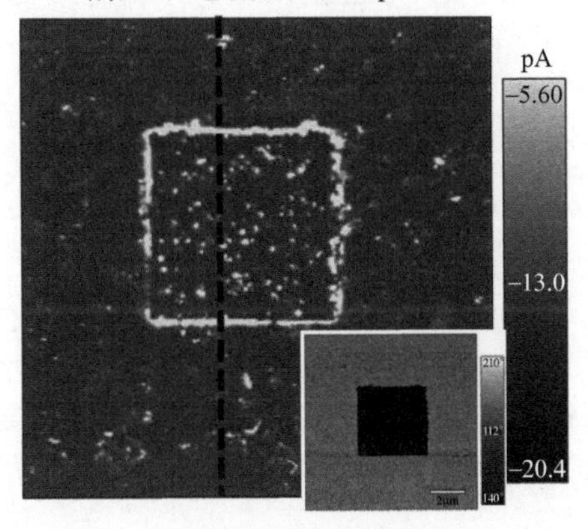

(a) 样品偏压下的导电分布图

图 5-1

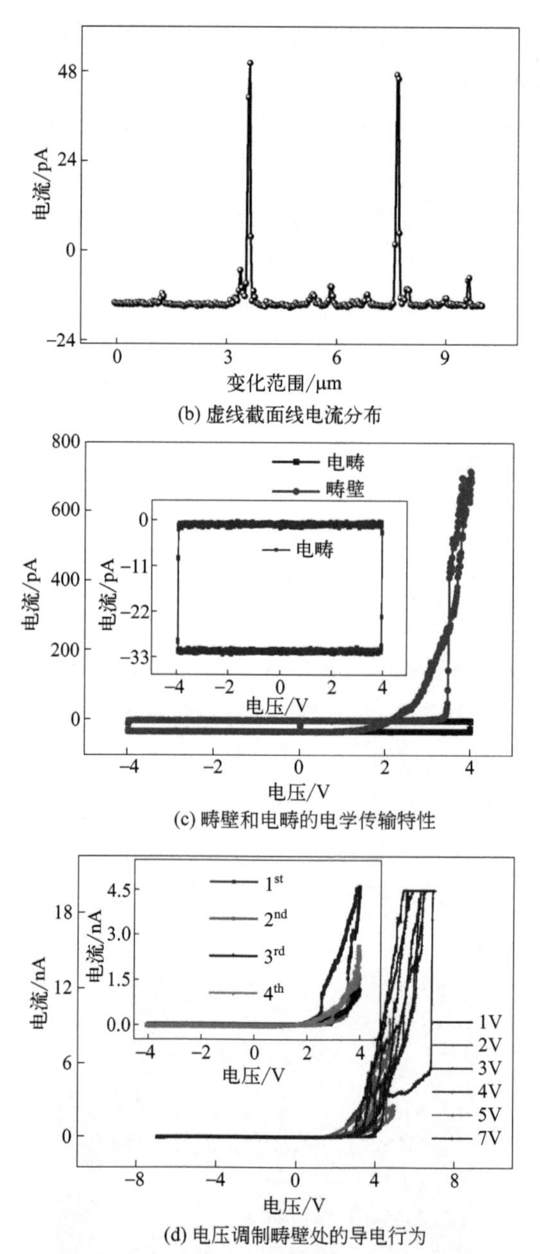

(b) 虚线截面线电流分布

(c) 畴壁和电畴的电学传输特性

(d) 电压调制畴壁处的导电行为

图 5-2 铁酸铋薄膜在极化电畴翻转后形成畴壁的导电特性

图（a）插图表示畴壁电流所对应的相位信息

铁酸铋畴壁导电的增强特性也可以通过图 5-1(c) 和图 5-1(d) 所示的单点测试得到证实。研究表明，在相同的偏压测试条件下，畴壁的电导率比电畴本身提高近三个数量级。此外，较高的畴壁电导率表现出稳定可重复性以及电学可调性，在 5V 的样品偏压下电流达到 7.5nA，对于 7V 的更高样品偏压，测试得到的畴壁电流值达到原子力显微镜的上限（20nA），表明铁酸铋薄膜电畴翻转和畴壁导电特性在铁电电学器件中具有巨大的应用潜力。

为了验证畴壁处导电特性，通过单点测试在样品底部施加恒定电压，并通过导电探针读取电流响应，结果如图 5-2 所示，施加的恒定偏压为 4V，持续施加 10s，由于仪器设备的精度限制，所探测到的偏置电压为 3.92V（直线所示），对应的畴壁和电畴区域的导电特性分析表明，在所设置的恒定偏压下，畴壁处的导电性比电畴本身高，且该导电性能够稳定地保持，在测试持续时间内无明显的衰减趋势。

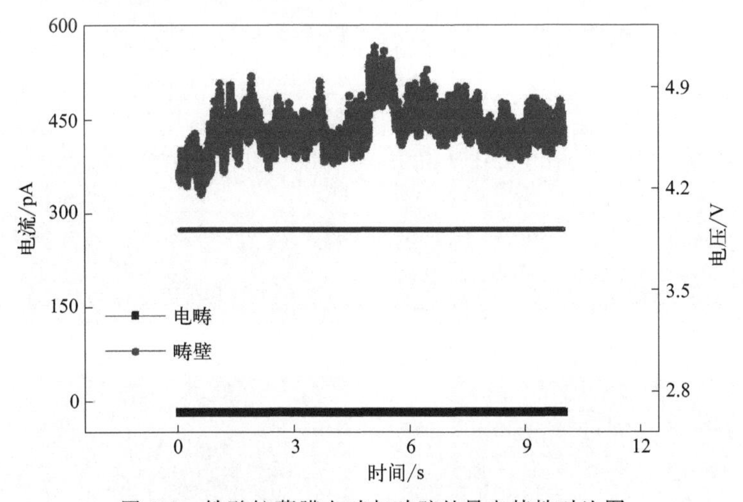

图 5-2　铁酸铋薄膜电畴与畴壁处导电特性对比图

铁电薄膜中的畴壁导电特性与加载的读取电压密切相关，过大的电压读取容易引入漏电流的影响，而相反，极性的电压容易使电畴反弹到原来方向引起畴壁消失，不利于畴壁电流读取。为了探究畴壁电流的偏压依赖性，在不同偏置电压下进行畴壁的导电特性测试。由于电畴的翻转区域为朝上翻转，因此在测试过程中的样品底电极偏压为正向电压偏置，测试结果如

图 5-3 所示，在 1V 的偏置电压下，能够明显的观察到与畴壁对应的导电特性分布，当施加偏置电压增大到 1.5V 甚至更高时，除了能在畴壁处观察到明显的导电性以外，在电畴内部也容易

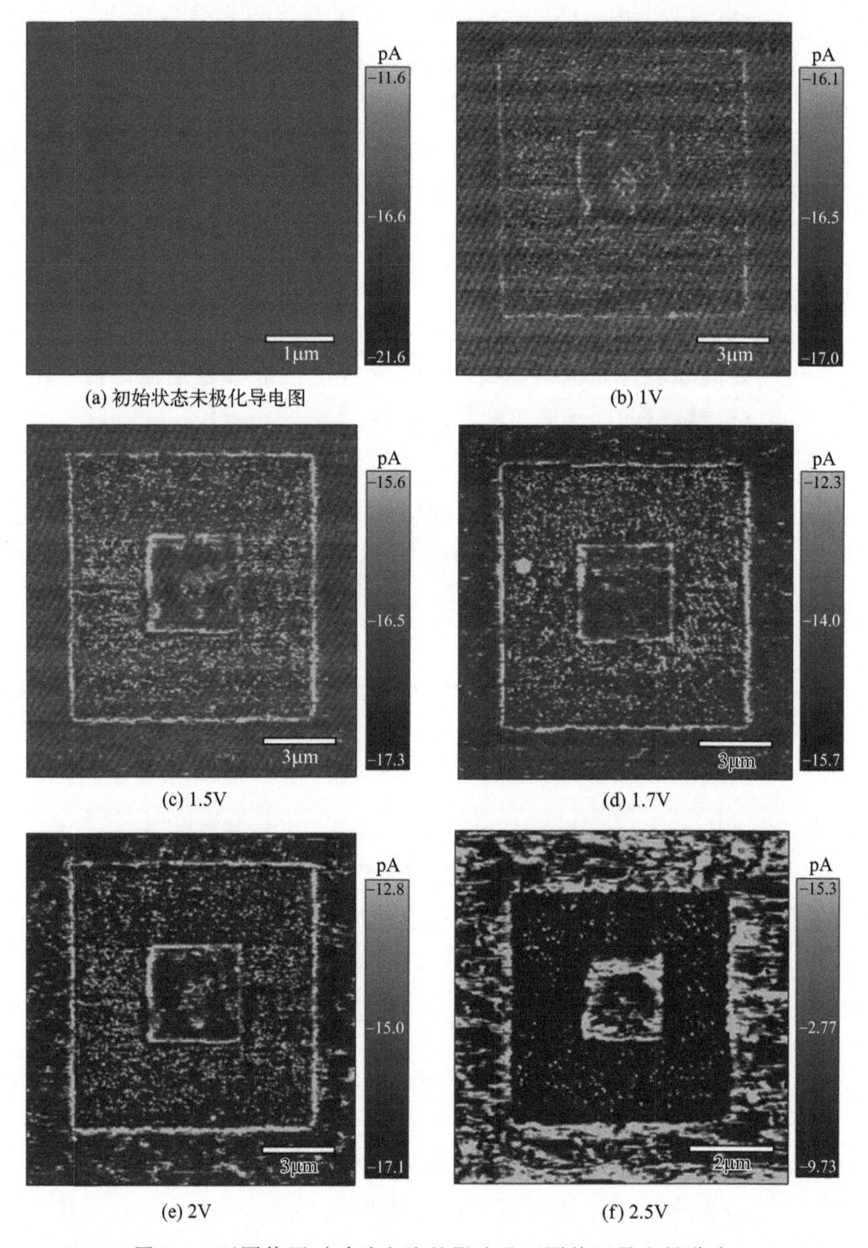

(a) 初始状态未极化导电图　(b) 1V

(c) 1.5V　(d) 1.7V

(e) 2V　(f) 2.5V

图 5-3　不同偏压对畴壁电流的影响及不同偏压导电性分布

观察到有局部的导电性发生，这与铁酸铋薄膜中的特定电畴结构有关，局部微区头对头的电畴结构也容易引起畴壁的导电特性。

锂酸锂单晶薄膜在密集点阵列极化后的导电特性分布如图 5-4 所示，其中（a）和（b）电流扫描图像能够清楚看到畴

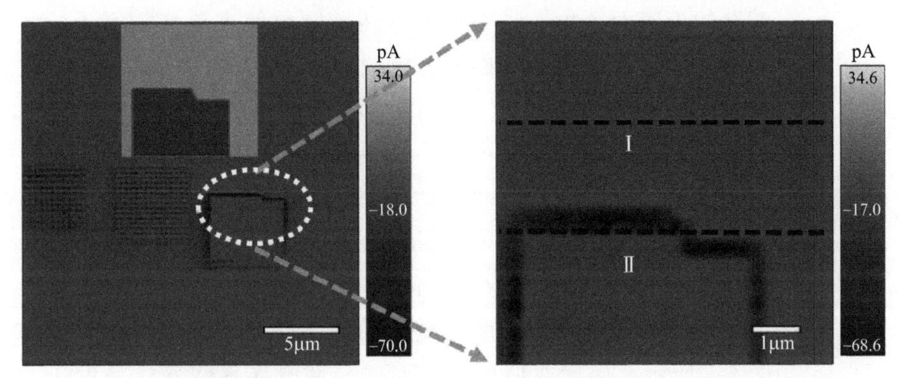

(a) 极化后的导电分布图　　(b) 畴壁稳定一个小时后的电流图像

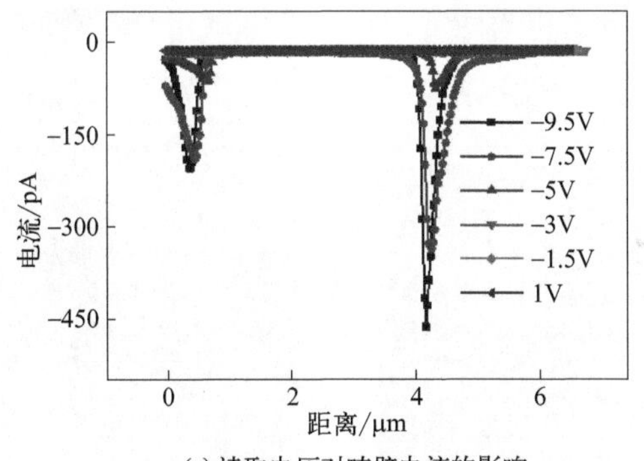

(c) 读取电压对畴壁电流的影响

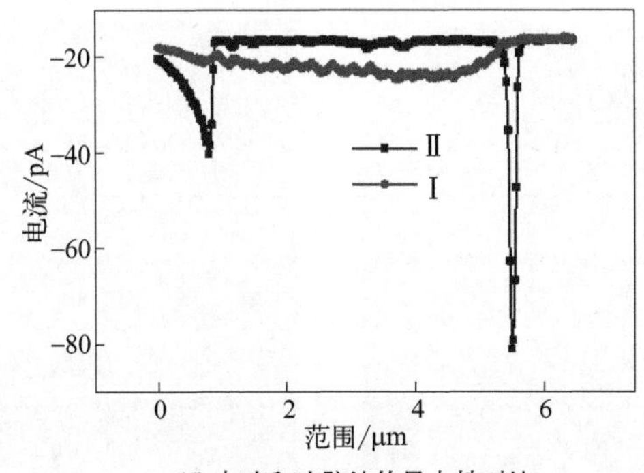

(d) 电畴和畴壁处的导电性对比

图 5-4　锂酸锂导电畴壁分析

壁和电畴之间表现出明显的电导率对比，随着读取电压逐渐增大，畴壁处的导电性逐渐增加，如图 5-4(c) 所示。之前的研究已经证实，导电畴壁的测量强烈依赖于针尖和样品之间的接触，并可能受到样品表面污染的影响。此外，电荷注入过程取决于畴壁的近表面倾角，其中较大的畴壁倾角促进导电载流子的注入过程[9]。在这个特定的极化区域，与初始极化（向上）相比，翻转区域电畴指向朝下（针尖施加正电压极化）[8]。在这种类型的畴壁附近观察到高导电性，而电畴本身表现出的导电性可以忽略不计，如图 5-4(d) 截面线数据分析所示。畴壁的导电性超过了周围区域，无论是电畴翻转还是未翻转区域（初始电畴），这种均匀的导电特性排除了极化翻转或弛豫电流的影响[10]。

铌酸锂电畴翻转形成畴壁处的导电性与偏置电压有关，如图 5-5 所示，当读取偏压变化时，局部电导率随着样品偏压的

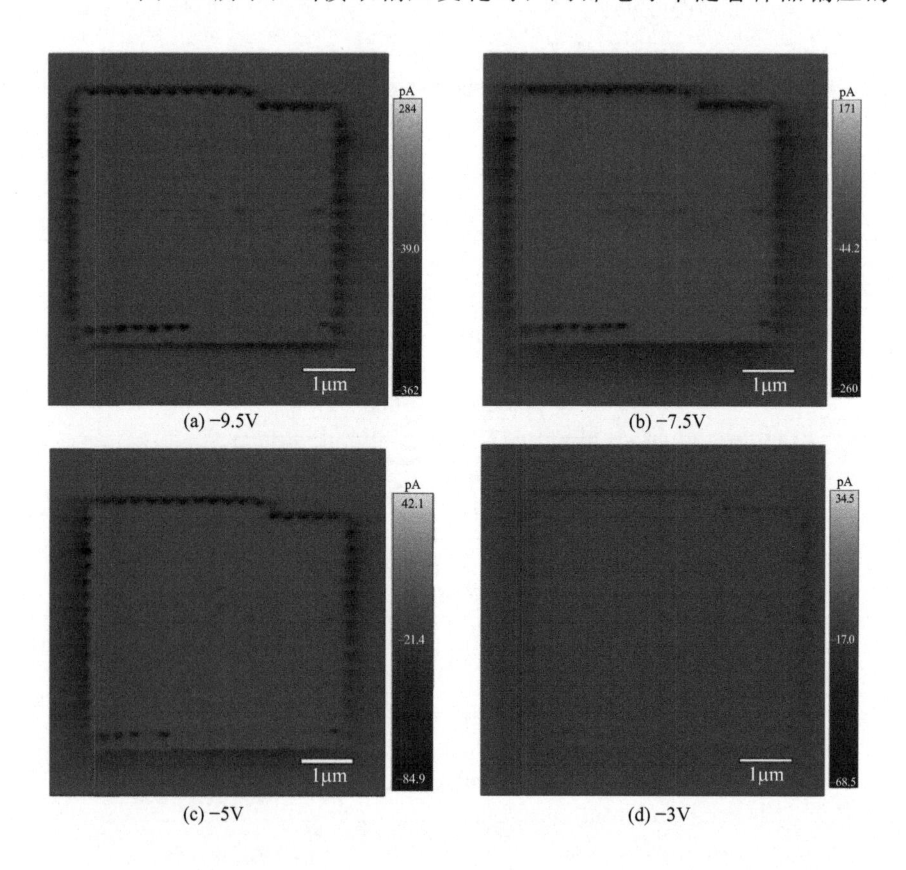

(a) −9.5V (b) −7.5V (c) −5V (d) −3V

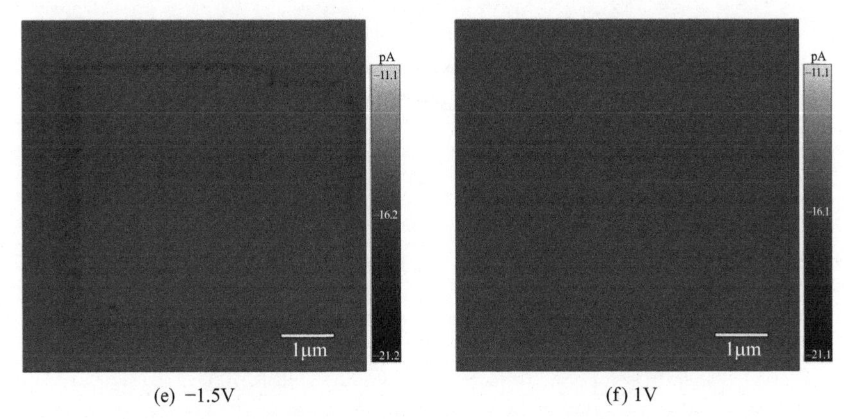

(e) −1.5V　　(f) 1V

图 5-5　不同样品偏压下的电流图像

增加而迅速增加，读取电流达到约 500pA 的最大值，与之前的畴壁导电研究报道一致[5,11,12]，样品处所施加的偏压影响电畴的翻转过程和畴壁状态，在负向的样品偏压下能够观察到畴壁电流的存在，而正向偏压下畴壁电流几乎不存在，表现出与电畴区域一样的低导电特性。

为了进一步探索铌酸锂电畴翻转形成的导电畴壁处的电学传输特性，利用小于矫顽电场的电压对极化翻转形成的畴壁进行了非破坏性电压-电流特性测量，图 5-6 显示了畴壁电流传输特性的电压依赖性，畴壁导电性的单点测试结果如图 5-6(a) 和 (b) 所示，表明畴壁导电具有电学可调特性，负向偏置电压范围或正向电压范围 (c) 和 (d) 连续循环测试表明畴壁电流稳定且周期性变化。对于负向偏压，畴壁的导电性表现出明显的电学可调性，导电畴壁处于导通状态；而对于正向偏区，畴壁处的电导率极低，证实针尖诱导畴壁处导电性能被电场调制[5]。获得的电流曲线显示出近三个数量级的差异，这与正负电压影响畴壁电导率密切相关[11,13]。

此外，极化翻转形成的畴壁呈现长时间的稳定性，如图 5-7 所示，在极化翻转区域观察到稳定的畴壁电流，保持周期超过一个月，所得畴壁电流的稳定性强烈依赖于针尖极化电畴翻转的可靠性。畴壁的电导率在不同的样品偏压下是浮动可变的。

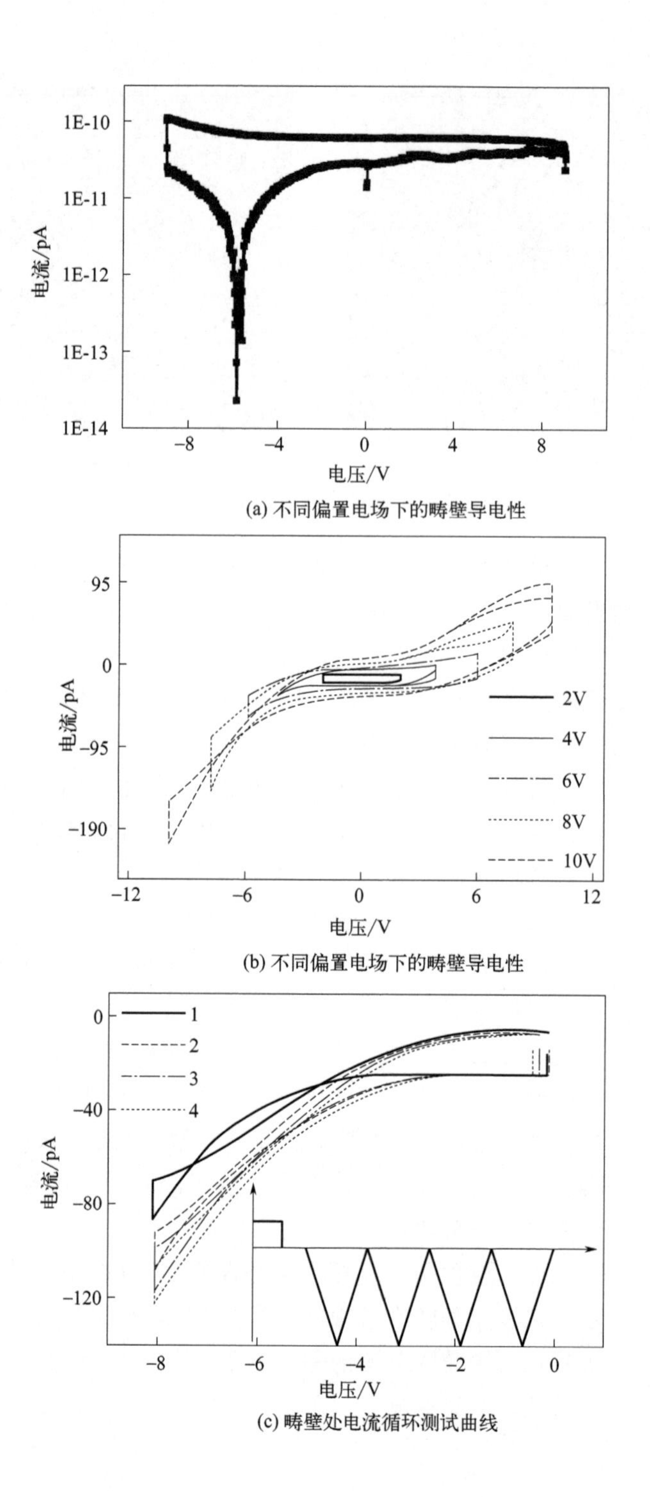

(a) 不同偏置电场下的畴壁导电性

(b) 不同偏置电场下的畴壁导电性

(c) 畴壁处电流循环测试曲线

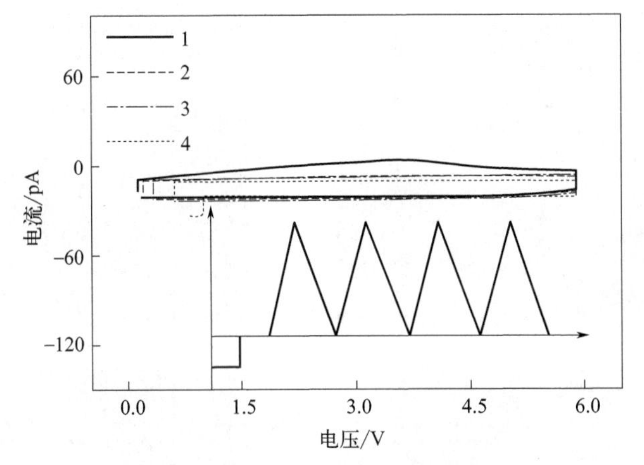

(d) 2V样品预设电压，0～6V加载电压对应电流曲线

图 5-6　畴壁导电的电压依赖性

如图 5-7(h) 所示，畴壁电流信号和样品偏压之间具有一定的相关性，此外，带电畴壁通常在能量上是不稳定的，可能会缓慢弛豫到不带电的状态[10]。为了探究这种现象是否发生在点极化形成的特定畴壁处，在没有其他外界影响的条件下直接进行 ORCA 模式电流测量，得到稳定的畴壁电导率。观察到由于出现弛豫现象，该导电畴壁在一个月时间持续弛豫直到稳定状态（几乎不导电），其原因在于带电畴壁处能量状态不稳定，遵循系统能量最小化理论，相反的电荷可能会积累在电畴翻转的位置来补偿极化边界电荷，导致畴壁的电导率降低。所有电流图像的慢扫描方向均为由上到下，因此可以排除尾随电场对测试结果的影响。总而言之，这些固定的畴壁位置显示出稳定的导电性能，具有优异的抗疲劳特性。

为了探究畴壁导电与极化电压的依赖关系，利用不同的极化电压（35～55V）分别对单晶铌酸锂进行电畴极化翻转，并在极化完成后的瞬间进行导电力显微镜测试。如图 5-8(a1)～(e1)所示，在外加极化电压下表现出明显的电畴翻转并呈现 180°的相位差，对比压电响应幅值图（a2）～（e2），能够明显地看出翻转电畴所对应的畴壁位置，当所加极化激励电压较小时，电畴呈点状分布，其中一部分区域连接起来形成单一指向

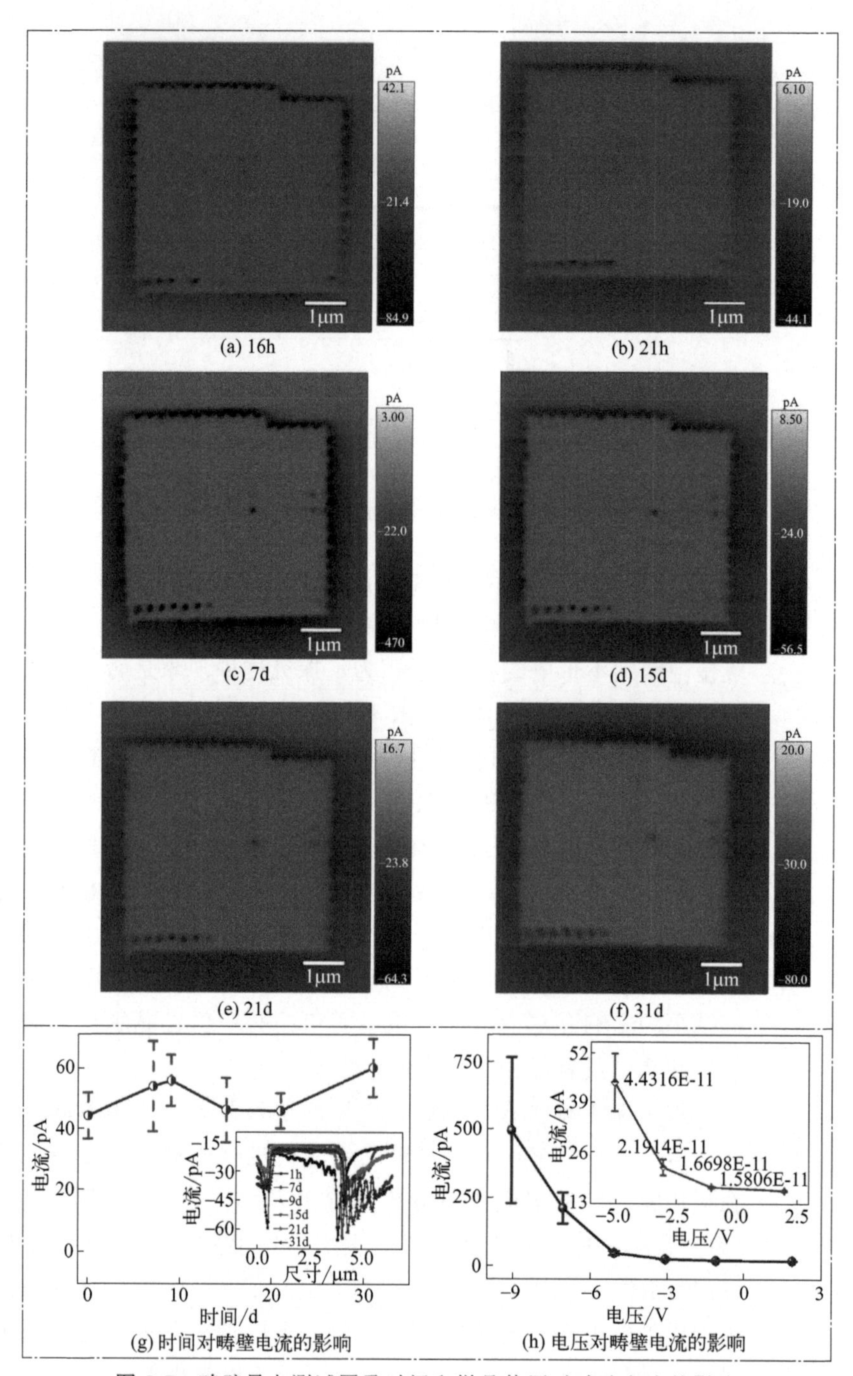

图 5-7　畴壁导电测试图及时间和样品偏压对畴壁电流的影响

的极化微区。不同极化电压下对应的畴壁导电图如图 5-8(a3)～(e3)所示，可以看到较大的极化电压形成的畴壁处产生明显高于电畴区域的导电性，当极化电压逐渐减小时，畴壁导电性明显减弱，以至于到 35V 时，虽然能看到明显的电畴相位翻转，但已经无法测试到其电流信号。造成该结果的原因可能是大的极化电压导致畴壁的倾斜生长，且其注入电荷实现有效屏蔽退极化场，导电载流子在畴壁位置容易累积，进而造成明显的导电性提升。图（f）是该测试区域对应的初始极化单畴状态，图（g）表示测试过程中铌酸锂薄膜的形貌特征，可以确保所有的极化测试只是完成了电畴反向翻转，形貌完好无损，极化并没有击穿薄膜表面。

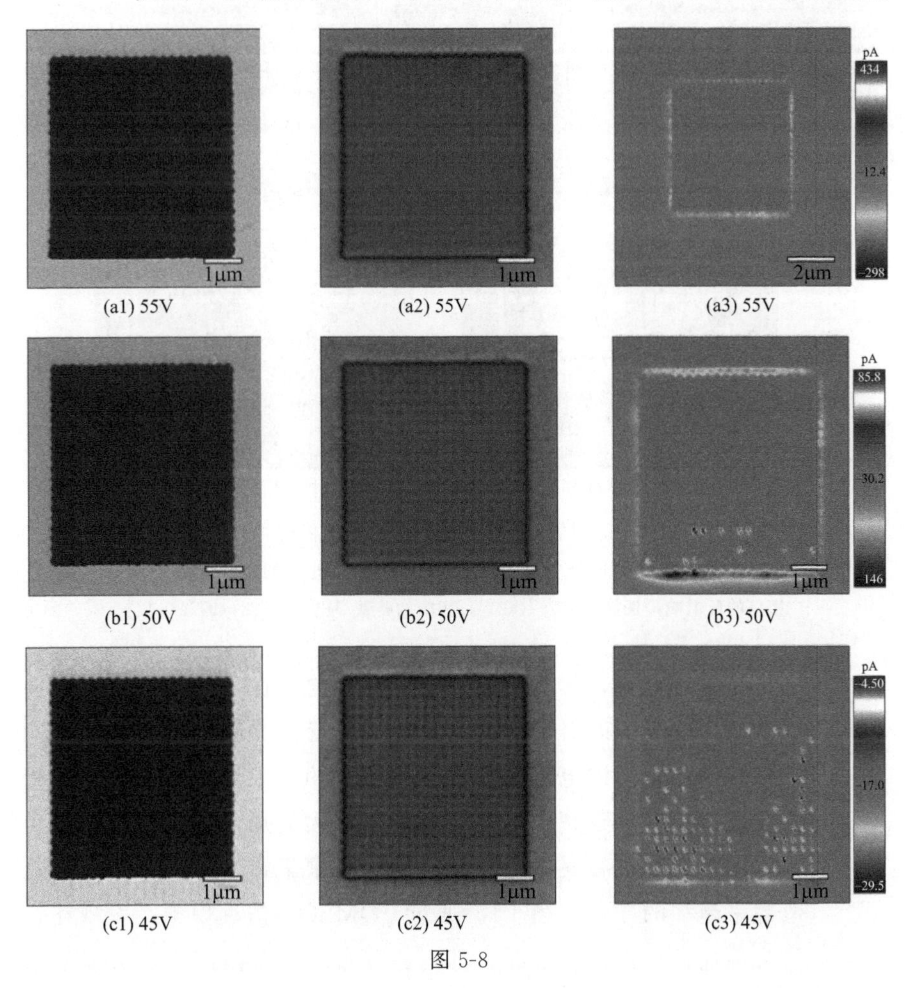

(a1) 55V　(a2) 55V　(a3) 55V
(b1) 50V　(b2) 50V　(b3) 50V
(c1) 45V　(c2) 45V　(c3) 45V

图 5-8

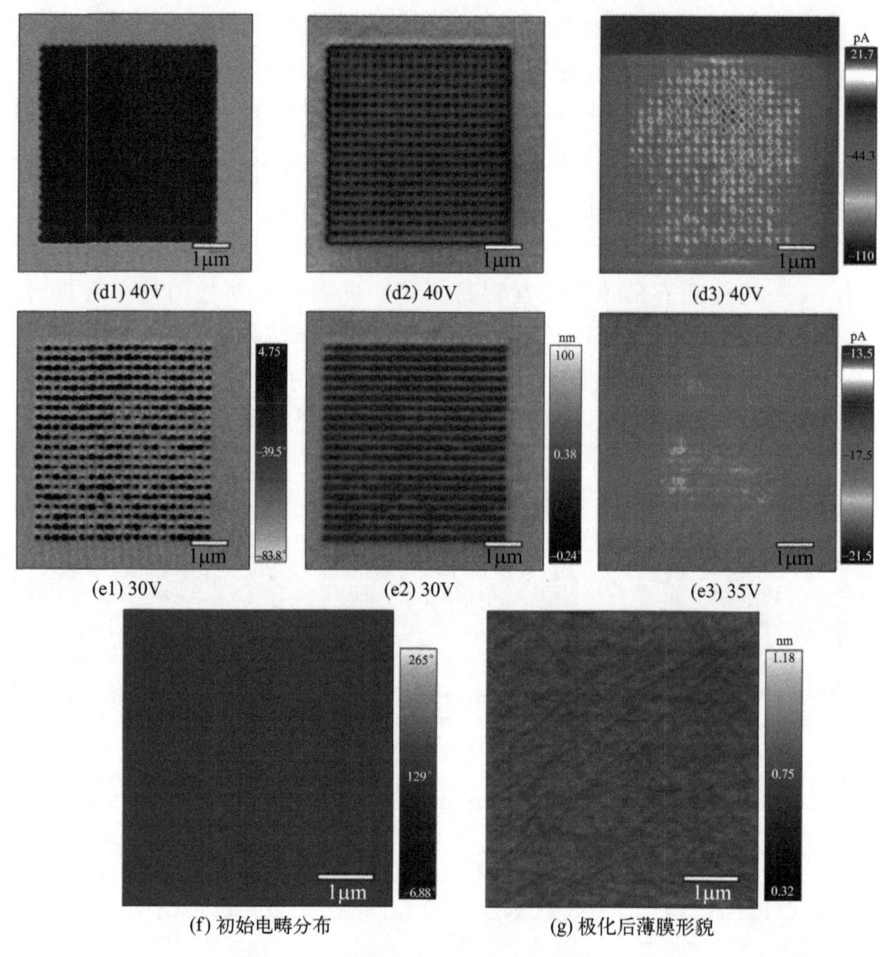

图 5-8 畴壁导电性对极化电压的依赖性

在 55V，50V，45V，40V 和 35V 的激励电压下分别保持 0.2s 得到的相位翻转[图(a1)～(e1)]，相应的压电响应图[图(a2)～(e2)]，相应的畴壁导电特性[图(a3)～(e3)]

迄今为止，很多研究提出了畴壁的存在条件及其电导率调控与畴壁倾角的对应规律，目前被广泛接受的是较大的畴壁倾角和头对头型铁电畴壁容易产生较大的导电性。由于固有的极化电荷存在导致倾斜的畴壁处承受强大的局部电场，在库仑力作用下带电中心促进了电子的迁移和聚集，导致沿着畴壁形成越来越多的导电路径[11]。通过 COMSOL 仿真模拟，发现在针尖施加偏压极化状态时，其电势分布和沿着薄膜厚度方向的电场分布均为倾斜状态，如图 5-9 所示，因而极化导致的电畴翻转在生长过程中受到外加电场的影响，产生倾斜的畴壁。此外，压电力显微镜测试和电学模式扫描可能会对畴壁弯曲产生类似的影响。电畴翻转形成的畴壁呈不规则状态，与块体铌酸锂样品中报道的头对头行为类似。此外，需要注意的是，扫描过程中的局部强电场可能会导致导电性的变化[10,14]。为了排除电畴翻转引起的翻转电流的影响，测试过程中的激励电压（1.5～4V）远远小于铌酸锂的矫顽电压。根据电滞回线可知，电畴翻转的阈值是正负电压的平均值，约为 11.5V，因此，电畴翻转造成的翻转电流贡献几乎可以被忽略。

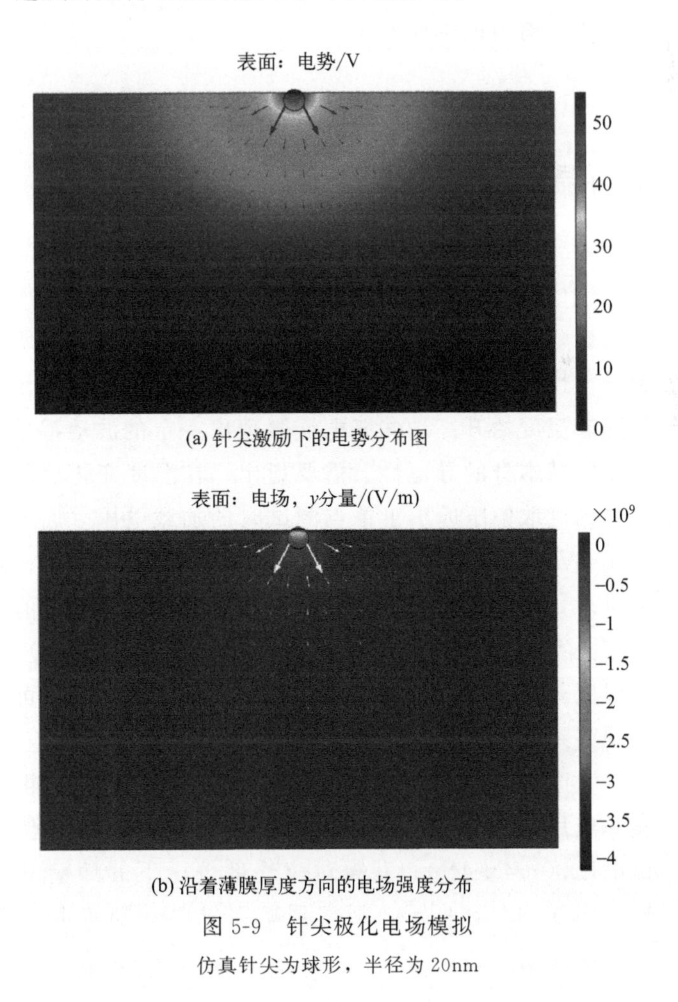

(a) 针尖激励下的电势分布图

(b) 沿着薄膜厚度方向的电场强度分布

图 5-9　针尖极化电场模拟

仿真针尖为球形，半径为 20nm

通过铌酸锂单晶薄膜极化翻转的畴壁导电性测试，可以得出以下结论：一方面，针尖极化提供了较高的极化电场和电畴翻转所需的能量，超过了畴壁运动的能量势垒，进一步促进了翻转区域头对头倾斜畴壁的形成，即使在高温下也可能存在畴壁的导电特性，这与薄膜所处的屏蔽状态有关，符合能量最小化的理论条件[15]。另一方面，铌酸锂薄膜中形成的倾斜畴壁，其电导率能够稳定存在且具有时间保持特性。需要指出的是，畴壁电流的测试偏置电压低于材料的矫顽电压，不会引起电畴翻转电流对测试的干扰，经过一系列疲劳保持测试后电畴结构没有明显的改变，针尖极化为基于导电畴壁的新型电子器件研发提供了有效的调控方法。

5.2
基于畴壁的温度传感功能验证

铁电薄膜电畴翻转形成的畴壁导电特性还受到所处环境温度的影响，为了探究温度对畴壁电流的影响，分别所形成的畴壁导电性在不同的温度下的变化状态，如图 5-10 所示，可以看到随着温度的升高，畴壁电流表现出一定的波动特性，但仍然高于电畴本身的导电性。需要指出，在温度变化测试过程中所施加的读取偏压远小于单点测试时的加载电压（加载偏置电压为 1.5V），因此所得畴壁电流值较小（约 15pA）；在降温到常温以后，可以观测到明显的畴壁导电特性，其电流值随温度的分布关系如图 5-11(a) 所示，在该测试范围内保持相对稳定。当温度升高到 85.4℃时，畴壁电流逐渐模糊，但仍可以在畴壁处观察到大约 9pA 的导电响应。

铁电畴壁导电性的循环特性与稳定性在纳米电子器件的实际应用中同样重要，通过原子力显微镜施加单点的循环测试电压（−4～4V），获得对应外部偏压下的畴壁电流传输特性如图 5-11(b) 所示，观察到畴壁导电性随着电压加载的循环逐渐减弱，最终畴壁导电性稳定保持在 pA 量级。此外畴壁导电性随着施加电压的频率变化表现出不同的导电性，如图 5-11(c) 所示；电畴在外加电场下的翻转可以通过电滞回线响应在外加电场下的变化得到，如图 5-11(d) 所示。当所施加的电压超过铁酸铋的矫顽电场时，相位翻转到与初始状态相反的方向，而当施加反向电压超过负向的矫顽电场时，电畴状态又翻转到与初始一致的状态。稳定的电畴翻转与调控，为畴壁处导电特性的提升奠定了基础。基于完全屏蔽效应的畴壁载流子累积保持相对稳定，且该电学传输特性容易受到环境温度的影响，为后续设计基于畴壁电流的电子器件奠定了研究基础。

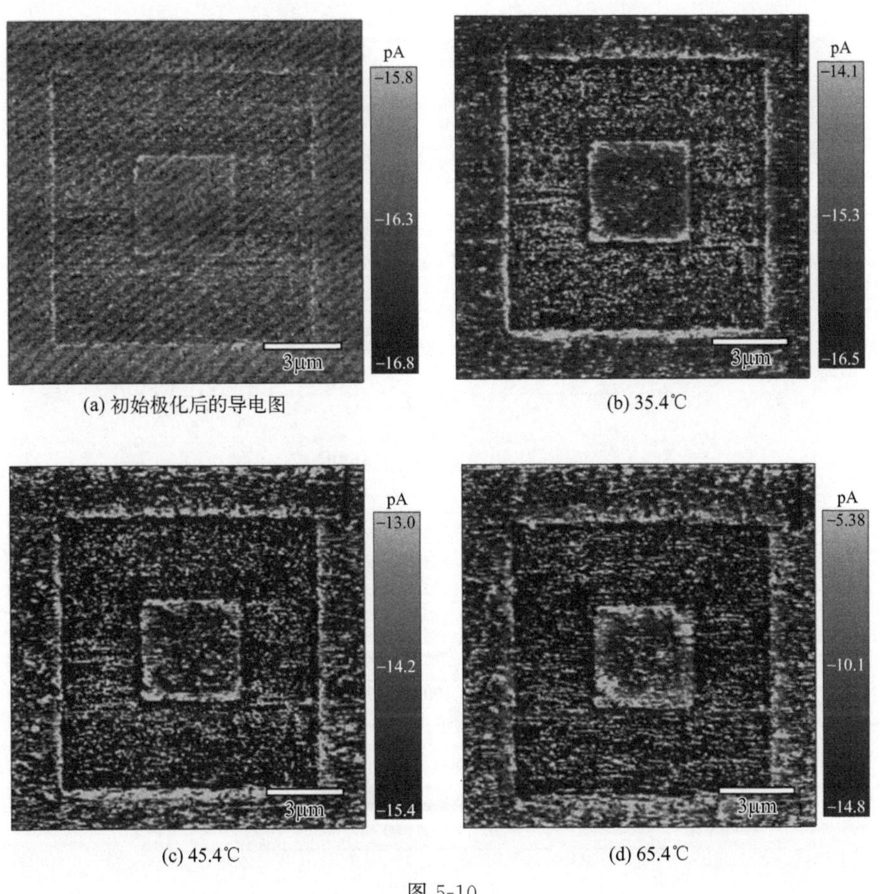

(a) 初始极化后的导电图　(b) 35.4℃

(c) 45.4℃　(d) 65.4℃

图 5-10

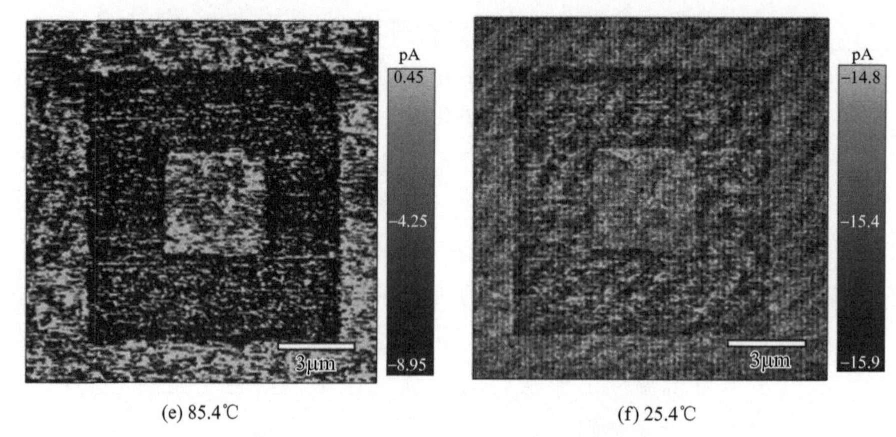

(e) 85.4℃　　　　(f) 25.4℃

图 5-10　不同温度下对应的导电性分布

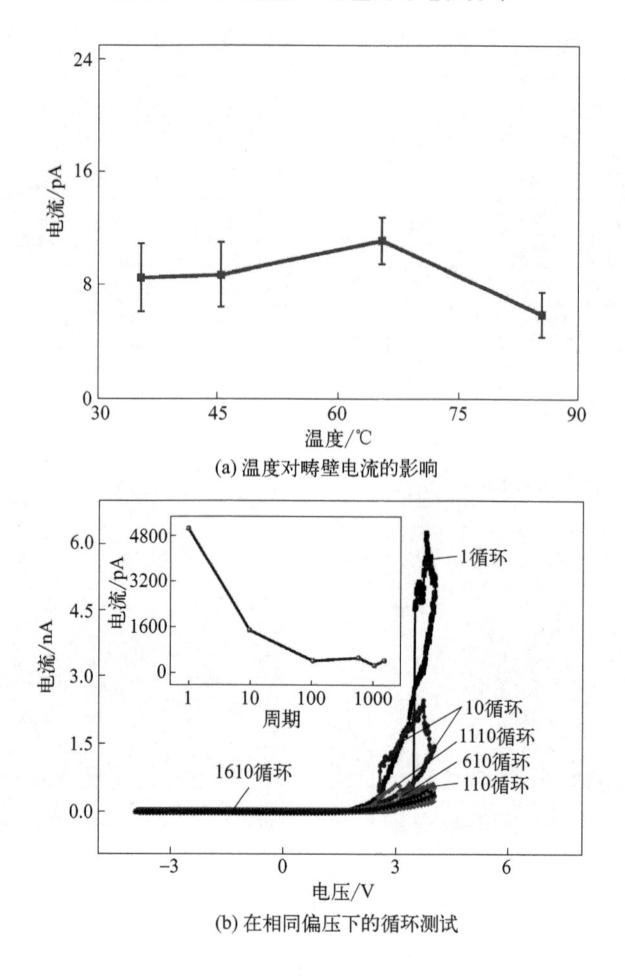

(a) 温度对畴壁电流的影响

(b) 在相同偏压下的循环测试

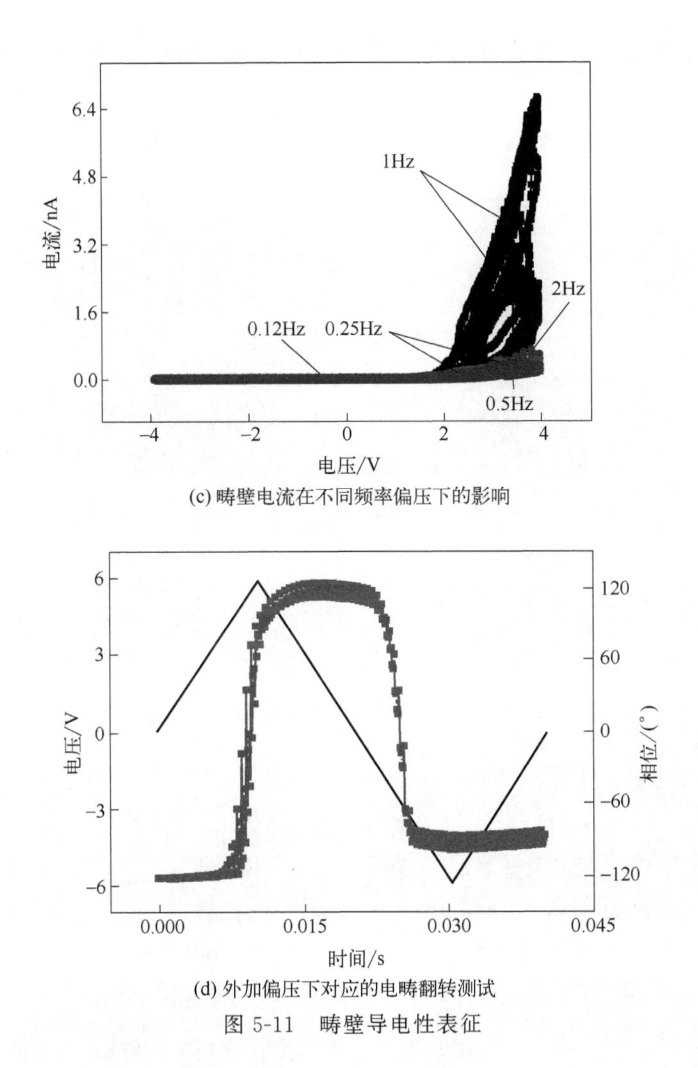

(c) 畴壁电流在不同频率偏压下的影响

(d) 外加偏压下对应的电畴翻转测试

图 5-11　畴壁导电性表征

5.3

基于畴壁导电的温度传感器件研究

在前述研究基础上，本节用针尖极化技术实现铁电薄膜畴壁导电性调控，构建基于导电畴壁的温度传感原型器件。为了排除铌酸锂极化过程中畴壁翻转及畴壁处导电载流子聚集的偶然性，在薄膜表面其他区域进行重复实验，仍然观察到畴壁处明显的导电行为，如图 5-12 所示，在点电畴翻转和面电畴翻转区域均观察到导电性的提升，揭示了针尖极化调控电畴翻转和

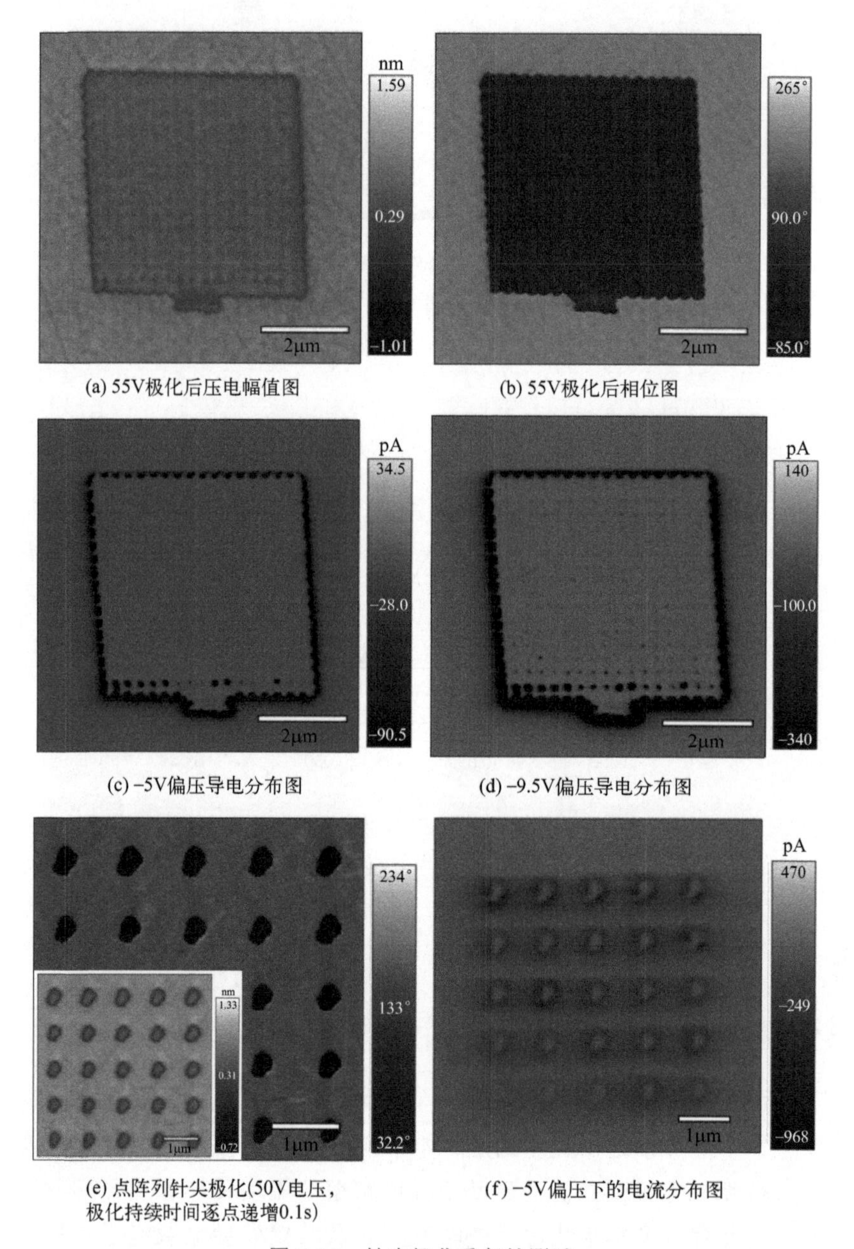

(a) 55V极化后压电幅值图　(b) 55V极化后相位图

(c) −5V偏压导电分布图　(d) −9.5V偏压导电分布图

(e) 点阵列针尖极化(50V电压，极化持续时间逐点递增0.1s)　(f) −5V偏压下的电流分布图

图 5-12　针尖极化重复性测试

畴壁导电的稳定性与可重复性。局部电导率存在差异性，这些差异可能与以下条件有关：表面形貌污染影响针尖与样品之间的接触电阻，剩余极化存在对 c-AFM 成像影响以及缺陷结构引起的极化幅度的不同。然而，相比于电畴和畴壁之间的电导率差异，此种差异性影响可被近似忽略[16]。此外，由于铌酸锂优良的铁电性，电畴翻转具有可重复性，即在相反的偏压下初始化电畴。

为了验证电畴翻转作为电学传输器件核心单元的重复性，对选定区域的电畴进行正向偏压极化，得到向下翻转的电畴区域，如图 5-13(a) 所示，中间方形区域翻转为与初始电畴相反

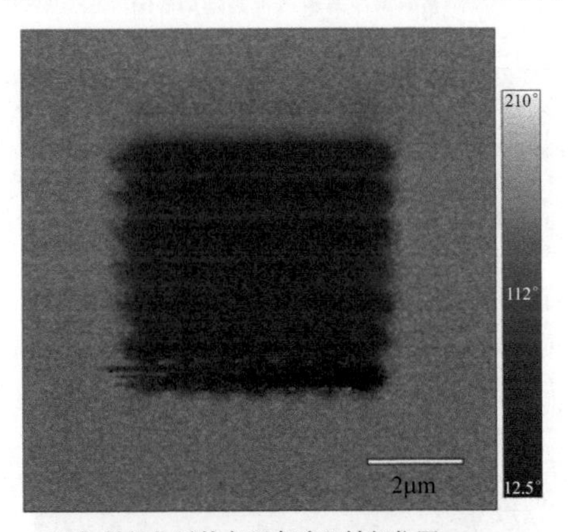

(a) 初始极化后的方形电畴翻转相位图

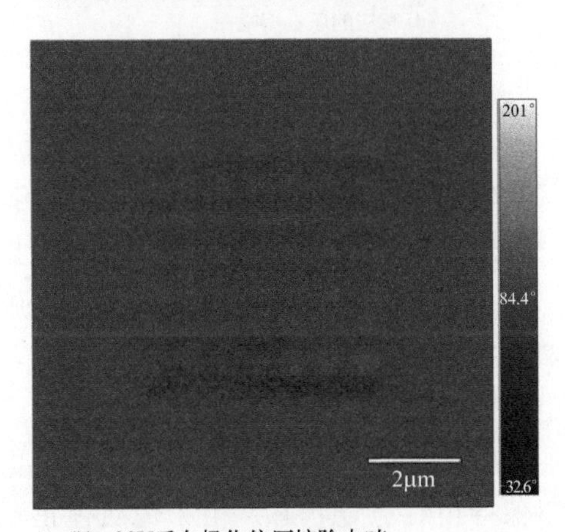

(b) −20V反向极化偏压擦除电畴

图 5-13

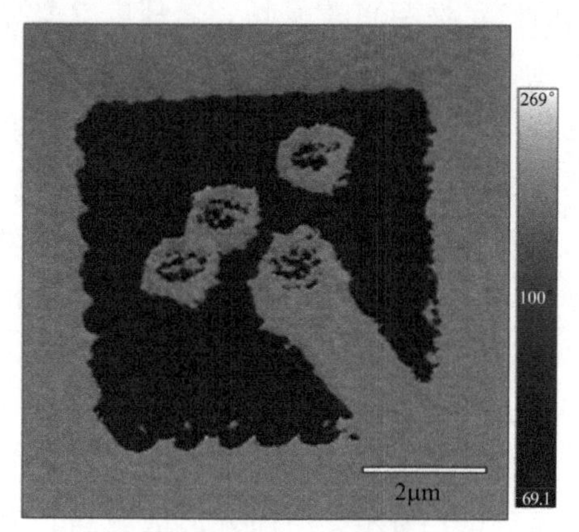

(c) 三角波极化电畴单点翻转相位图

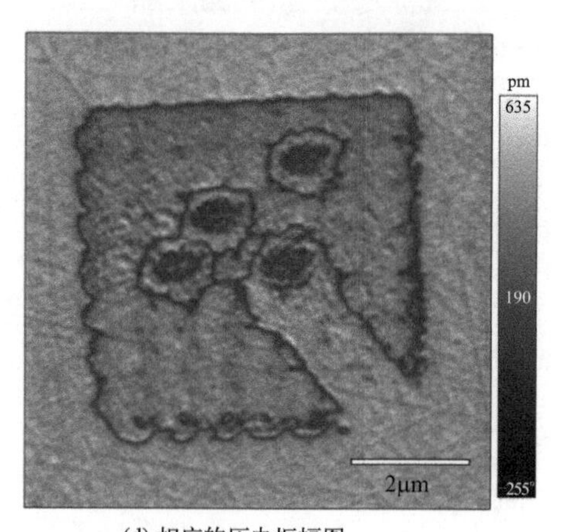

(d) 相应的压电振幅图

图 5-13　电畴重复性翻转调控

的取向。在此基础上，在针尖施加负向相反的电压偏置扫描，发现中间翻转的区域在外电场作用下重新翻到与初始极化一致的位置，如图 5-13(b) 所示。同时为了提高擦除的效率，在针尖施加一个反向的三角波电压，可以看到在施加反向偏压的区域，电畴直接翻转到与初始极化相同的位置，在这过程中能够观察到电畴的异常翻转现象，其原因在于针尖撤去的瞬间，薄膜表面形成瞬间的反向电场，从而导致局部电畴形核，在足够的能量下保持相对稳定状态。由于铌酸锂正负矫顽电场的不对称性，正向极化过程往往需要更大的偏压，而在很小的负向偏压下便能够恢复到原始电畴状态。

由于环境温度影响电畴的动力学翻转过程，因此，有必要关注带电畴壁的电导在温度变化下的变化规律。通过探针针尖进行周期性点状电畴生长调控，在 10mm 区域内阵列极化纳米导电结构单元，利用原子力显微镜原位测试温度变化过程中的畴壁电流变化特性，如图 5-14(a)～(f)所示，在所测量范围内，发现畴壁电流呈现随温度升高而增加的趋势，畴壁电流升高与环境温度影响激活能密切相关。在测试范围内发现畴壁电流随着温度升高呈指数变化规律，当温度从 28.6°C 变化到 138.6℃时，畴壁电流从 146pA 增加到 2.08nA，如图 5-14(g)～(h)所示。得到温度扰动下畴壁电流变化规律，为基于畴壁导电的高精度温度传感测试奠定研究基础。根据之前的研究，热激活传导机制与薄膜界面处势垒高度有关，进而温度改变影响载流子的传输响应[17]。

在基于下电极的铁酸铋薄膜表面通过磁控溅射手段沉积 100nm 的金电极作为上电极，电极尺寸为不同参数的矩形形状(图 5-15)，形成上下三明治电极夹层结构，为后续测试铁电薄膜中的电流传输特性提供基础。

基于三明治的电容结构测试铁酸铋薄膜中的电流传输特性如图 5-16 所示，在所加偏置电压下表现出典型的单向导通行为，获得的电流在正偏压下很小，而在负偏压下表现出明显的导通特性，该行为可能与铁酸铋薄膜接触界面的肖特基界面势垒有关[18]。图 5-16(a) 中所示的各种电极尺寸和循环测试证明电流传输特性稳定存在。在电压加载初始状态，电流很小并随电压从－2V 开始逐渐增大。当极化状态向上时，表现出电流单向调制行为；而当极化反向时，它表现出反向截止特性，因此，上述导电行为与铁电极化状态有关。铁电异质结构的整流调制行为是因为有界面势垒的存在，可以推断出，界面势垒的高度可以通过铁电极化来调节。当极化指向界面时，势垒高度降低，载流子容易流过界面，导致低阻态。相反，当极化指向远离界面时，载流子在界面处被阻挡，导致高阻态。这些结果表明铁电极化状态对异质结构中的阻变行为具有明显的影响，利用铁

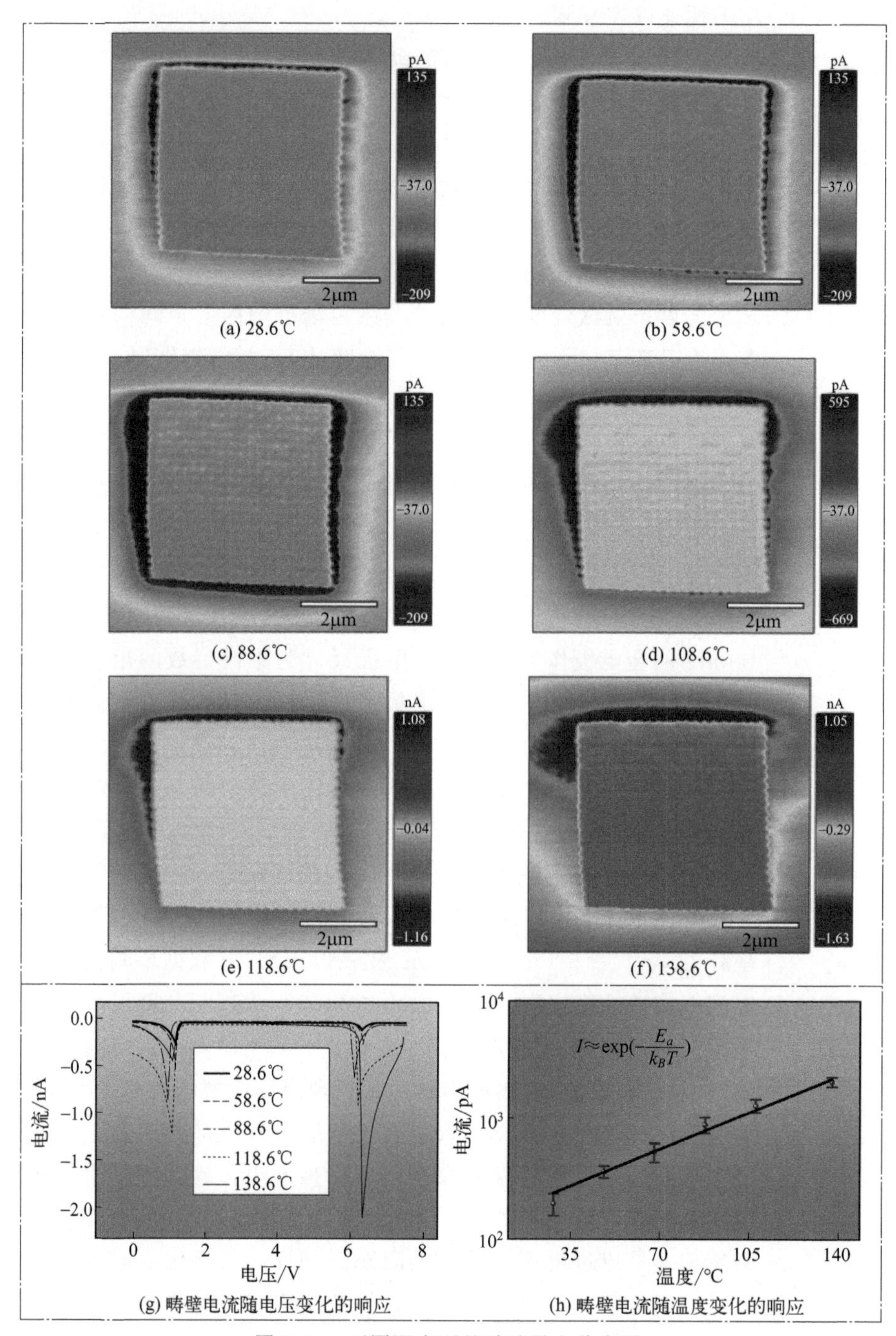

图 5-14 不同温度下的畴壁导电分布图

电极化超强的稳定性和快速翻转特性，能够在铁电异质结构中实现阻态调控。铁电畴的翻转特性可以通过施加三角波激励实现，如图 5-16(b) 所示，约 $100\mu C \cdot cm^{-2}$ 的剩余极化能够稳定存在。典型的电流调控特性为宽温区的温度测试提供了新思路，在所测试范围内电流随温度升高表现出明显的上升趋势，如图 5-16(c) 所示，拟合分析表明其可以作为传感单元进行器件应用，为抗辐照高精度传感设计奠定了基础。

图 5-15　铁电薄膜电容示意图

铁酸铋薄膜的电流传输特性通常会受到环境温度和电边界条件等外部条件的影响，接触势垒变化和可移动的带电离子迁移是造成不同电流传输响应的原因。为了更好地理解单向导通行为，需要考虑薄膜电容的能带结构和界面特性，如图 5-16(d) 所示。由于铁酸铋薄膜是半导体，接触界面的势垒会受到其极化特性的影响。在异质结构中，金和钌酸锶的功函数分别是 5.1eV 和 5.2eV，而铁酸铋薄膜的带隙宽度约为 2.8eV[18,19]。由于势垒高度的差异，导致原始状态下接触界面附近能带向上弯曲。当电畴极化向上翻转时（顶部金电极施加负向偏压），负电荷在铁酸铋和电极界面附近积累，导致载流子穿越耗尽层，即顶部电极在外部负偏压下导致势垒高度降低，从而形成较高的电流水平；而在相反极化状态下其势垒高度升高，限制了自由电子和空穴的传输，导致较高的电阻状态。该结果与电极与铁电薄膜结合处的异质结构与势垒变化有关，通过极化调控能够有效调节载流子浓度。总之，电流调制行为受到铁电极化调制和接触界面势垒高度的共同影响[13]，极化调控铁电异质结构中的电荷聚集现象，为基于铁电薄膜的传感器件应用提供了新的思路。

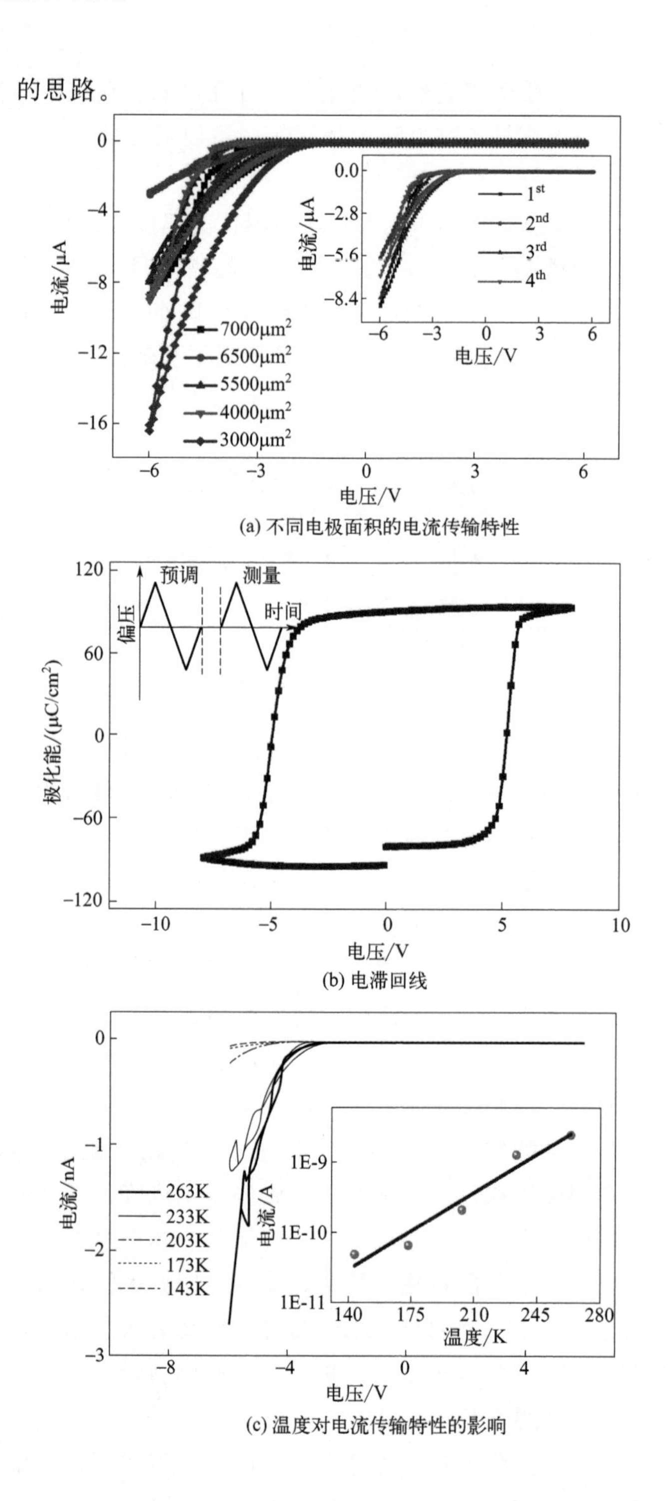

(a) 不同电极面积的电流传输特性

(b) 电滞回线

(c) 温度对电流传输特性的影响

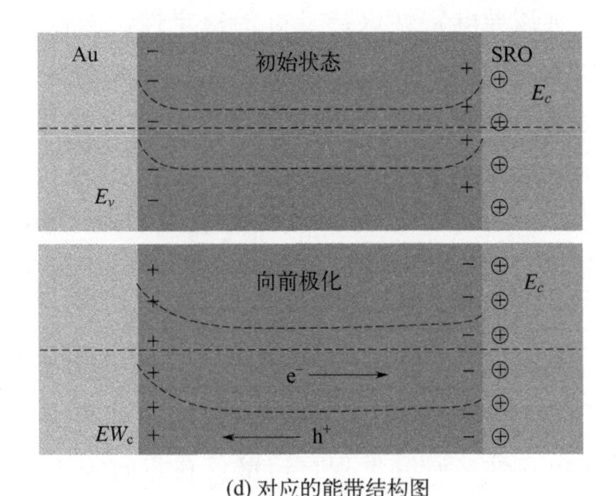

(d) 对应的能带结构图

图 5-16　铁酸铋薄膜电流传输特性

综上，提出了一种高效的极化方法实现铁酸铋和铌酸锂薄膜中的导电畴壁调控，在形成的畴壁处发现了相对稳定的电导率提升。通过畴壁和电畴内部之间的电流曲线测试，获得了具有高低开关比的电阻可调响应，同时开展电畴调控的畴壁导电通道及温度敏感特性研究，拓展了铁电薄膜作为器件应用的前景，通过外部电压激励条件能够有效调控畴壁导电性且该导电特性随着温度变化呈热激发趋势，这为利用导电畴壁作为纳米电子器件中的电学可控功能元件以及传感核心单元开辟了新途径，后续将围绕畴壁导电结构单元封装设计开展研究。

本章小结

在第 4 章的基础上，本章利用针尖极化实现铁电薄膜畴壁导电性调控，并依次构建了基于铁酸铋和铌酸锂导电畴壁的温度传感核心单元，形成的导电畴壁在保持良好稳定性的同时可实现高灵敏的温度传感响应。畴壁处优异的电学性能和温度敏感性，为抗辐照畴壁器件在高精度传感领域的应用奠定基础，得到的具体结论如下：

① 提出了针尖电场调控铁酸铋薄膜畴壁导电性的方法，实现 180°电畴翻转的同时在畴壁处观测到明显高于电畴区域的导

电性，且该导电特性保持良好的稳定性。测试分析铁酸铋电容在外加电场作用下的电流传输响应，发现电容具有良好的单向导通特性，并利用畴壁导电传输特性实现宽温度范围（143～263K）的高灵敏传感测试。

② 提出了针尖逐点极化形成铌酸锂固定导电畴壁的有效方法，电畴稳定翻转和畴壁处的导电性归因于针尖极化的激励作用及电场辐射分布规律。畴壁附近提升的电导率比电畴本身高三个数量级，并且在一个多月的时间内仍能够保持60pA左右。

③ 探究铌酸锂薄膜中带电畴壁电导可调特性及在外场作用下的导电特性，研究发现，畴壁仅在负向偏压时表现出导电特性，并且导电特性可以通过施加电压调制，同时基于畴壁电流的温度传感器件具有高精度和良好的稳定性，推动了高导电性畴壁传感元件在辐照领域的应用。

综上所述，提出基于针尖电场调控畴壁导电性的方法，并将其作为温度传感核心传输媒介。基于畴壁导电特性及可调特性，设计了基于畴壁导电的传感单元结构，畴壁导电稳定性与电畴本身的稳定性和边界条件直接相关。利用针尖电场调控铁电电畴，实现了稳定可控的电畴翻转，形成的畴壁处容易实现带电离子聚集且能稳定保持一个月。系统分析在不同极化条件下畴壁处的载流子迁移规律，并探索畴壁导电随着环境温度的调控规律。该极化技术简单高效，调控所得畴壁保持良好的导电性以及抗疲劳特性，同时温度影响下导电畴壁的响应与温度呈一一对应关系。基于上述研究，本章利用针尖极化调控抗辐照铁电薄膜，在电畴调控及畴壁导电响应的时间稳定性和温度稳定性方面具有较大提升，同时验证了导电畴壁作为温度传感的可行性，有望在未来实现抗辐照、高精度温度传感器件的研发。

参考文献

[1] 王梅郦．金电极片式NTC热敏电阻的烧结，电极制备工艺研究［D］．成都：电子科技大学，2018．

[2] STRELCOV E，IEVLEV A V，JESSE S，et al. Direct probing of charge injec-

tion and polarization-controlled ionic mobility on ferroelectric $LiNbO_3$ surfaces [J]. Advanced Materials, 2014, 26 (6): 958-963.

[3] HUANG Y C, LIU Y, LIN Y T, et al. Giant enhancement of ferroelectric retention in $BiFeO_3$ mixed-phase boundary [J]. Advanced Materials, 2014, 26 (36): 6335.

[4] BEDNYAKOV P, SLUKA T, TAGANTSEV A, et al. Free-carrier-compensated charged domain walls produced with super-bandgap illumination in insulating ferroelectrics [J]. Advanced Materials, 2016, 28 (43): 9498-9503.

[5] CHAUDHARY P, LU H, LIPATOV A, et al. Low-voltage domain-wall $LiNbO_3$ memristors [J]. Nano Letters, 2020, 20 (8): 5873-5878.

[6] GENG W, QIAO X, HE J, et al. Domain reversal and current transport property in $BiFeO_3$ films [J]. Ceramics International, 2022, 48 (13): 18151-18156.

[7] GENG W, HE J, QIAO X, et al. Conductive domain-wall temperature sensors of $LiNbO_3$ ferroelectric single-crystal thin films [J]. IEEE Electron Device Letters, 2021, 42 (12): 1841-1844.

[8] QIAO X, GENG W, ZHENG D, et al. Domain modulation in $LiNbO_3$ films using litho piezoresponse force microscopy [J] . Nanotechnology, 2020, 32: 145713.

[9] WOLBA B, SEIDEL J, CAZORLA C, et al. Resistor network modeling of conductive domain walls in Lithium Niobate [J]. Advanced Electronic Materials, 2018, 4 (1): 1700242.

[10] GODAU C, KÄMPFE T, THIESSEN A, et al. Enhancing the domain wall conductivity in Lithium Niobate single crystals [J]. ACS Nano, 2017, 11 (5): 4816-4824.

[11] LU H, TAN Y, MCCONVILLE J P V, et al. Electrical tunability of domain wall conductivity in $LiNbO_3$ thin films [J]. Advanced Materials, 2019, 31 (48): 1902890.

[12] SEIDEL J, MARTIN LW, HE Q, et al. Conduction at domain walls in oxide multiferroics [J]. Nature Materials, 2009, 8 (3): 229-234.

[13] LIU F, JI F, LIN Y, et al. Ferroresistive diode currents in nanometer-thick cobalt-doped $BiFeO_3$ films for memory applications [J]. ACS Applied Nano Materials, 2020, 3 (9): 8888-8896.

[14] PARK SM, WANG B, DAS S, et al. Selective control of multiple ferroelectric switching pathways using a trailing flexoelectric field [J]. Nature Nano-Technology, 2018, 13 (5): 366-370.

[15] CRASSOUS A, SLUKA T, TAGANTSEV A K, et al. Polarization charge as a reconfigurable quasi-dopant in ferroelectric thin films [J]. Nature Nanotechnology, 2015, 10 (7): 614-618.

[16] RANA A, LU H, BOGLE K, et al. Scaling Behavior of resistive switching in epitaxial bismuth ferrite heterostructures [J]. Advanced Functional Materi-

als, 2014, 24 (25): 3962-3969.

[17] LIU L, XU K, LI Q, et al. Domain wall conductivity in self-assembled $BiFeO_3$ nanocrystals [J]. Advanced Functional Materials, 2020, 31 (1): 2005876.

[18] LI T, YANG Y, ZHANG Y, et al. Enhancement of the switchable diode effect by the surface hydroxylation of ferroelectric oxide thin films [J]. AIP Advances, 2020, 10 (9): 095002.

[19] BHATNAGAR A, CHAUDHURI A R, KIM Y H, et al. Role of domain walls in the abnormal photovoltaic effect in $BiFeO_3$ [J]. Nature Communications, 2013, 4: 2835.